钨合金界面性质的理论模拟

张 旭 著

扫描二维码查看
本书彩图资源

北 京
冶 金 工 业 出 版 社
2023

内 容 提 要

本书主要采用钨合金作为核聚变堆中面向等离子体的第一壁材料进行探索。全书共6章，主要介绍了界面及杂质在界面偏聚对钨合金性能的影响机理及其理论研究的新进展，包括：钨与碳化锆、碳化钛和氧化锆等界面的特点，杂质在钨/碳化物界面的偏聚行为，从热力学的角度分析了界面的稳定性、结合强度及杂质在界面的偏聚行为，界面的电子特征与成键特点，以及对理论研究的潜在应用价值和意义进行讨论。

本书适合材料、物理及化学专业的师生参考，也可供相关从业者阅读。

图书在版编目(CIP)数据

钨合金界面性质的理论模拟/张旭著．—北京：冶金工业出版社，2023.9

ISBN 978-7-5024-9665-4

Ⅰ.①钨…　Ⅱ.①张…　Ⅲ.①钨合金—界面—性质—研究　Ⅳ.①TG146.4

中国国家版本馆 CIP 数据核字(2023)第212337号

钨合金界面性质的理论模拟

出版发行	冶金工业出版社	**电　　话**	(010)64027926
地　　址	北京市东城区嵩祝院北巷39号	**邮　　编**	100009
网　　址	www.mip1953.com	**电子信箱**	service@mip1953.com

责任编辑　王　双　美术编辑　彭子赫　版式设计　郑小利

责任校对　梁江凤　责任印制　禹　蕊

三河市双峰印刷装订有限公司印刷

2023年9月第1版，2023年9月第1次印刷

710mm×1000mm　1/16；8.25印张；162千字；126页

定价 72.00 元

投稿电话　(010)64027932　投稿信箱　tougao@cnmip.com.cn

营销中心电话　(010)64044283

冶金工业出版社天猫旗舰店　yjgycbs.tmall.com

(本书如有印装质量问题，本社营销中心负责退换)

前　言

面向等离子体材料是影响核聚变发展的关键之一，而钨及其合金是未来聚变堆最有前景的面向等离子体材料。本书综述了目前国内外等离子体材料（钨合金）的研究现状和最新进展。由于纯钨自身存在低温脆性、高温脆性和辐照脆性等缺点，因此，近年来通过添加第二相碳化物颗粒形成的弥散强化钨合金成为人们关注的热点。钨合金中碳化物与基体的界面在提高其力学与抗辐照损伤等综合性能中起着关键作用。此外，在钨合金材料制备或服役过程中引入的杂质易在界面处聚集，从而导致材料综合性能的降低。由于很难通过实验获得详细的界面微观信息，因此基于密度泛函的第一性原理成为一个研究界面微观性质的可靠手段和方法。

本书基于第一性原理方法，分析碳化物弥散强化钨中的典型界面的稳定性、结合强度、电子结构，以及杂质的偏聚与扩散行为，为理解碳化物弥散强化钨材料的界面性质及杂质偏聚行为、进一步提升钨基材料的综合性能提供了理论指导，对钨合金材料的调控提供了潜在的研究方向。本书的出版旨在为钨合金领域的科研人员和实验技术人员提供钨合金的理论研究成果。

本书主要是作者近年来研究成果的总结，在此，作者特别感谢刘长松研究员和吴学邦研究员的悉心指导。本书涉及的研究内容获得江西理工大学博士启动基金项目（项目号：205200100506）、江西省教育厅基金一般项目（项目号：GJJ2200838）、江西省教育厅青年基金项目（项目号：GJJ11129）、国家自然科学基金项目（项目号：11547026）等经费的支持，在此一并致以诚挚的感谢。

由于作者学识水平和经验阅历所限，书中不足之处，恳请广大读者予以指正。

张　旭
2023年5月

目　录

1 绪　　论

1.1 概　　述

人类现代文明的进步和社会经济的发展与能源的开发和利用密切相关。经济发展得越快，能源的消耗与需求也越多。过去的能源主要是以煤炭、石油等化石能源为主。到了20世纪后期，水电和核电在人类消耗的能源结构中的占比开始提升。当前的能源结构中，化石能源仍然是人类生产生活中使用的主要能源，存量有限的化石能源是不可再生的，随着社会的不断发展，能源需求不断增加，传统的化石能源将面临资源枯竭的问题。此外，化石能源的使用还会产生一系列的环境污染问题，如水土污染、空气污染、温室效应等，这些问题对人类生活的负面影响越来越值得关注[1]。

正因为传统的能源结构的不合理性对人类经济和社会发展的负面效应越来越显著，需要寻找新的能源来替代或补充传统的化石能源，改变能源结构组成。如今，在人类生产和生活中，能源供给结构的转型已经发生了非常明显的变化。新能源，如风能、水能、太阳能、核能等在能源结构中所占的比例逐渐增加。其中核能日益成为社会使用的主要清洁能源，核能技术越来越成熟。核能中的核裂变技术已经比较成熟，裂变能具有低污染、能量密度高、不受地理和气候条件限制等优点。据统计，在法国，利用核技术获得的能源在总能源的比例约76%；美国一年中所消耗的能源中约30%是核能；我国通过核裂变技术所获得的能源在每年所消耗的能源中的比重逐渐增加，在2017年核裂变能量占比约3.9%，预计21世纪30年代，占比会提高到10%左右[2]。但是，核裂变堆反应后会产生对人体和环境有害的核废料，需要对产生的核废料进行无害化技术处理，否则会对人类和环境造成很大的危害。另外，裂变堆所需的原材料在自然界中的储量也有限，由于自然资源的不可再生性，裂变能将来也可能会面临资源短缺的问题。

在探索清洁能源过程中，开发受控核聚变能有希望彻底解决人类的能源需求问题。核聚变需要的原材料主要是氢的同位素氘和氚，大海可以作为氘的主要来源地，几乎取之不尽，反应后的产物中没有二氧化碳和长寿命的放射性废料[3]，所以，氢及其同位素聚变产生的能量是一种清洁的能源。因此，人类一直寻找能够实现可控核聚变的技术方法和装置，最有希望的装置是托卡马克（Tokamak，见图1-1）。其利用强磁场约束高温D-T等离子体来实现核聚变，氢的同位素氘与氚发生核聚变，产生一个氦和一个中子，同时能够释放出 17.6MeV 的能量。反应式如下：

$$^{2}H + ^{3}H \longrightarrow ^{4}He(3.5MeV) + ^{1}n(14.1MeV) + 17.6MeV \quad (1\text{-}1)$$

$$^{3}Li + ^{1}n \longrightarrow ^{2}He + T \quad (1\text{-}2)$$

核聚变能是由于反应前后质量出现亏损而产生的，对应的能量可由爱因斯坦的质能方程 $E = mc^2$ 计算得到。

图 1-1　托卡马克装置

自从 20 世纪 90 年代初开始，核聚变的研究取得了突破性的进展。1991 年，欧洲的联合环状反应堆 JET 装置首次实现了氘-氚可控核聚变放电，一次放电可以获得 3.4MJ 的能量。接着，美国的 EFTR 装置实现氘-氚核聚变放电，获得了 6.5MJ 的能量。在 1998 年，日本的 JT-60U 设备上的氘-氚聚变反应的能量增益因子（1.25）大。然而可控核聚变的商业化应用还有很多技术障碍需要克服，可以说是人类解决自身能源问题遇到的最困难的项目之一。在 20 世纪 80 年代中期，美国、法国在法国的卡达拉舍推出了国际热核试验反应堆（ITER，International Thermonuclear Experimental Reactor）计划。直到 2006 年 5 月 ITER 计划才真正进入实施阶段，此计划主要分为 6 个研究阶段：核聚变的原理研究阶段、大规模核聚变实验阶段、核聚变点火实验阶段、聚变堆的工程和物理实验阶段、示范聚变堆电站试验阶段、聚变发电厂的商业应用阶段。目前的核聚变处于聚变堆点火实验阶段向工程和物理实验阶段的转变。

目前，中国的核聚变研究水平已处于世界前列，以合肥的中国科学院等离子体物理研究所和成都的西南物理研究院为代表。从 20 世纪 60 年代到现在，中国已有 60 多年的核聚变研究历史。西南物理研究所的环流器一号托卡马克装置，促进了核聚变“磁笼”的研究，可实现电子温度5500×10^4℃。中国科学院等离子体研究所引进了HT-7超导托卡马克装置，经过研究提出了HT-7U全超导非圆截面托卡马克（EAST），经过研究人员的不断完善，EAST成了研究约束核聚变的巨大装置。在2003年此装置实现了超过5min的等离子放电，这是世界上第二个能够实现以分钟为单位的高温等离子体稳定放电的托卡马克装置。在2006年EAST超导托卡马克装置创下了1000s的高温等离子稳定放电，超过了其他的国际托卡马克装置，标志我国的核聚变研究水平处于世界前列。

托卡马克聚变设备利用的磁约束技术其实非常复杂，需要满足非常严格的条件才能实现，实际上面临着很多技术挑战。组成托卡马克装置的结构材料的性能直接影响聚变堆的发展。聚变堆的高温环境、聚变中子及低能等离子的作用直接导致面向等离子的器壁材料的力学性能降低，最终使相关部件失效；另外，H及其同位素在结构材料中的滞留涉及燃料的利用率和辐射安全。目前还不能真正实现核聚变堆的长期安全运行，这与聚变堆设备使用的材料自身性能密切相关，在研发制造聚变堆设备所需材料的过程中遇到了一系列急需解决的技术难题。聚变堆中距等离子体最接近的部件称为第一壁，其直接在高温等离子体环境中服役。核聚变堆中的偏滤器需要承受的峰值热流密度高达20MW/m^2[4]，聚变堆运行过程中可产生大量的能量高达14MeV的中子和3.5MeV的氦[5]等高能粒子，这些高能粒子和热量直接作用到第一壁材料造成辐照损伤，降低其服役寿命。

等离子体对第一壁部件的轰击，产生的杂质会污染离子体，从而影响聚变堆的正常运行。这就要求部件应具有高热导率、高熔点、强抗热负荷能力，溅射时产生的杂质尽可能少，对氢的同位素具有较低的吸放气性和较低的放射性等特点，满足了这些条件的PFMs（Plasma-Facing Materials）才能在苛刻的聚变堆中安全可靠地使用和服役。

1.2 第一壁材料的研究

第一壁材料的结构与性能直接关系到聚变堆能否安全可靠运行。第一壁材料的研究主要集中在三个方面：铍（Be）[6-7]、碳基材料[8-9]和钨基材料[10-14]。

1.2.1 铍的研究

从1994年开始，铍已经开始在ITER中作为第一壁材料进行测试评估，2001年和2004年铍作为第一壁材料在ITER的报告中得到了确认。铍自身的原子序数比较低，有较高的热导率、弹性好、对等离子体污染小。氢及其同位素在Be材料中的滞留量小，在铍中具有很低的溶解度。比如：S-65-C抗热振性能比Be有了提高，延展性也比铍更好，与纯Be相比，S-65-C中的杂质含量也降低了。在实际研究中发现Be作为第一壁材料也存在着一些不足，比如：（1）Be的熔点只有1284℃，物理和化学溅射产额高，抗热冲击性能差，服役寿命短。（2）Be受到中子辐照的时候，会产生较多的嬗变产物，如H、D、He、T。（3）铍晶体的结构和性能也会发生变化，比如在低辐照温度和大辐照剂量的时候，铍的热导率会显著下降，从200W/(m·K) 降到35W/(m·K)[7]。（4）铍材料的抗热冲击实验表明，实验后Be材料会出现失重、表面出现裂纹，当能量密度大于2MJ/m^2的粒子流打到被检测样品表面时，被检测样品表面会出现明显的蚀坑现象。如果用能量密度小于10MJ/m^2的粒子流照射样品，则样品表面腐蚀坑的深度一般都不大于150μm[15]。（5）Be本身的毒性很大，很容易引起中毒。这些缺点的存在限制了Be在聚变堆中作为第一壁材料的应用前景。

1.2.2 碳基材料的研究

在第一壁材料的研究中，碳基材料也是第一壁候选材料。作为第一壁候选材料，碳与铍候选材料的原子序数都比较低。但是，碳基材料与Be材料相比具有更高的热导率，碳基材料的熔点也更高，抗热震能力也比铍材料有了明显增强。在高温环境下，碳基材料仍然能够保持较高的强度，与反应堆中的等离子具有较好的相容性。碳基材料在20℃时热导率为300W/(m·K)，800℃时热导率约145W/(m·K)，在导热能力方面优势显著，所以碳基材料能够很好地承受等离子破裂情况下出现的高热负荷对材料的热冲击，在热流密度比较高的情况下碳基材料的表面也不会出现熔化现象，在高热流密度下其热力学性能依然表现优异，所以碳基材料在聚变堆装置中得到了广泛的应用。

但是，碳基材料作为聚变堆第一壁材料也存在不足。（1）当温度达到800K时，会出现很强的溅射；在1200K的情况下升华现象会显著增强，升华现象会造成碳基材料的腐蚀率增大，使反应堆的等离子体受到污染，从而造成等离子体的品质下降。可以通过掺杂一些其他元素来抑制化学溅射的产生，比如：在石墨中掺入B、Si和Ti等，可以同时提高碳基材料的力学性能和热学性能。还可以通过掺杂SiC实现降低T在碳基材料中的滞留率及对碳基材料的化学腐蚀，但是材料的热导率有所降低。（2）碳基材料的孔隙率较高（约19%），这一特点会导致较多的D和T被吸附，严重影响D、T燃烧待产等离子的产生。

1.2.3 W的第一壁材料研究

对高原子序数材料作为第一壁候选材料的研究，主要集中在W和Mo。经过不断的研究和实验，Mo的应用前景逐渐不被看好，所以近些年PFMs研究的重心渐渐转移到了W及其合金上。W具有高熔点（3683℃）、高热导率、低膨胀率等特性[16]，氘和氚在W材料中的滞留率仅为同等情况下石墨滞留率的1/10。

在等离子体环境中 W 抗溅射能力强，虽然 W 能够吸附 H 但是不与之反应，在抗热冲击方面性能更好，所以 W 成了非常有应用前景的 PFMs。但是，纯 W 的韧脆转变温度高，辐照时会使 W 出现硬化和脆化现象，如果用高的热负荷冲击钨材料表面，表面的 W 原子会获得较大的动能，达到一定值时表面的单个或多个 W—W 化学键会断裂，从而出现物理溅射导致反应区的等离子体受到污染，同时材料的表面有裂纹、气泡等（见图 1-2）现象出现，主要表现在以下三方面。

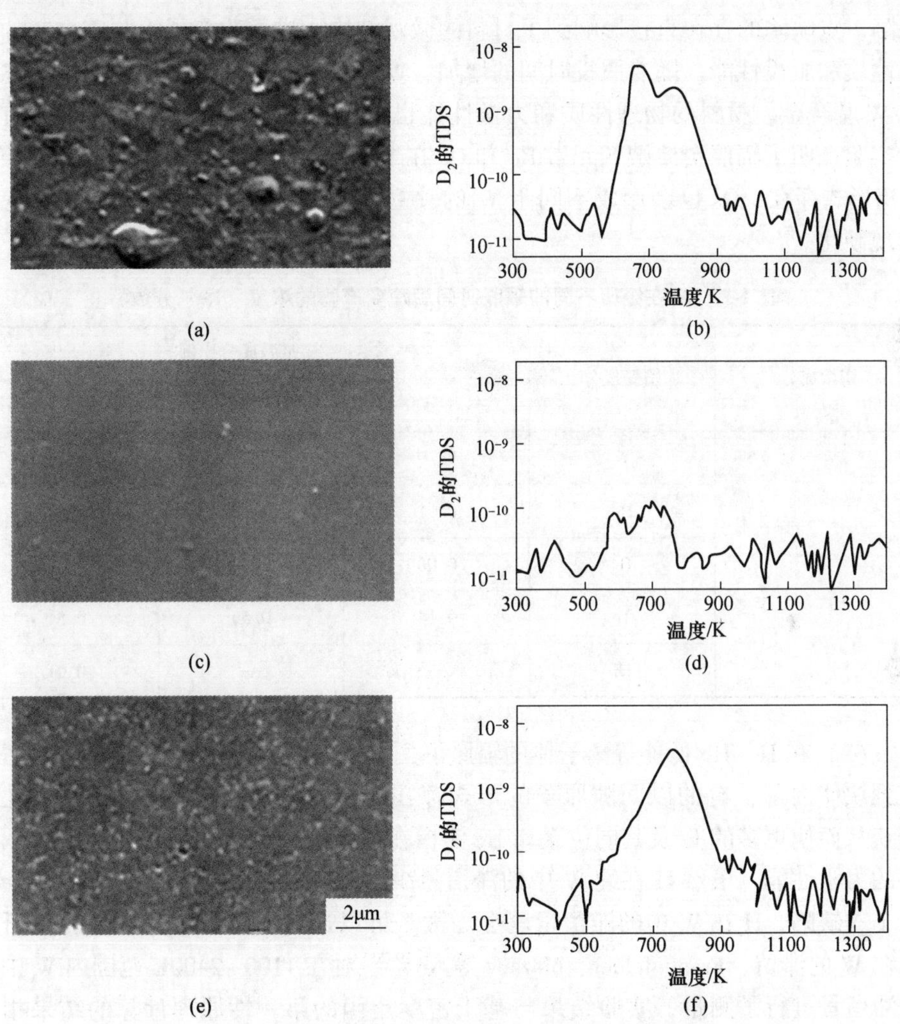

图 1-2 钨样品的表面形貌和 D_2 热解吸光谱

（E_i 约 120eV，Φ_D 约 $5\times10^{25}m^{-2}$，T_s 约 573K，c_{He}约 5%，c_{Be}约 0.8%）[17]

（a）纯 D，表面形貌；（b）纯 D，热解吸光谱；（c）D+He，表面形貌；（d）D+He，热解吸光谱；（e）D+He+Be，表面形貌；（f）D+He+Be，热解吸光谱

（1）聚变环境下会产生中子，作为面向等离子体的 W 会受到中子的轰击，块体 W 中的晶格原子吸收中子的能量变成离位原子并出现空位，然后间隙原子继续与其他的晶格原子相互作用使 W 中形成更多的间隙原子和空位，这些缺陷的出现改变了材料的微观结构组成。此外，中子辐照下的 W 还会产生其他的效应，比如 W 中会形成一些新的嬗变元素（如 Re、Ta、Hf 和 Os 等，见表 1-1）[17-18]，也有可能通过中子与质子和中子与伽马射线形成少量的 H 和 He。所以，在中子辐照环境中服役 W 结构材料会产生间隙原子、空位和嬗变元素等点缺陷，点缺陷的存在直接影响到了材料的微观结构，进而改变了第一壁材料的宏观性质和服役性能。随着服役时间的增加，W 的宏观成分也将发生改变，最终形成 W 基合金。材料的物理性质和力学性能也将随之产生发生显著变化。已有大量实验证明了辐照会使嬗变元素 Re 和 Os 在 W 中产生偏析现象，Re 会以 γ 相和 χ 相形式存在，Os 也会形成不同于 W 的独立相[17]，这些相的存在会导致纯 W 出现硬化。

表 1-1　W 在经历不同的辐照时间后嬗变产物的浓度（摩尔分数）　（%）

初始成分	嬗变成分	辐照后成分比例		
		1 年	3 年	5 年
W	W	98.9	96.3	94.0
	Re	0.91	2.59	3.80
	Os	0.06	0.53	1.38
	Ta	0.14	0.53	0.81
	Hf	—	—	0.01

（2）在 H、He 低能等离子体的辐照下，一定量的 H 和 He 通过 W 的表面渗入到块体内部，有的以间隙原子的形式存在，有的被材料中的缺陷（如空位）捕获从而使更多的 H 及其同位素和 He 滞留在材料中，严重的话可以显著降低材料的力学性能。虽然 H 在纯 W 中的滞留量少，一旦由某种原因出现空位、杂质原子等缺陷，H 在 W 中的滞留量就会增大。可以通过实验和理论等手段来研究 H 在 W 的滞留，Frauenfelder、Mazaev 等人[19-20]对在 1100~2400K 范围内 W 中 H 的滞留量进行了测量，实验结果与基于密度泛函的第一性原理计算的结果相吻合。Frauenfelder 通过实验测得的 H 的扩散势垒为 0.39eV，Johnson 等人[21]计算的 H 沿着四面体—八面体—四面体路径的扩散势垒数值与实验一致，但是这个扩散路径并不是能量最低的扩散路径，所以本质上来说与实验还是不一致。造成这样的原因可能是不同温度下的实际扩散系数不一样，温度对其影响较大；也可

能是制作 W 的纯度及其缺陷浓度造成理论与实验的差异。

(3) 聚变环境下产生的不同缺陷之间的相互作用也会影响到 W 的微观结构和 H 在其中的滞留量。如空位、间隙原子、嬗变元素等，当它们同时存在的情况下，W 的微观结构和力学性能的变化要比单独的某个缺陷的影响更为复杂。一方面，它们的存在会造成材料的脆化，从而影响到 W 的导热性能；另一方面，H 在 W 中的滞留量也与单一因素下的滞留量明显不同，成因也更复杂。

虽然以上三个方面降低了聚变堆服役过程 W 的性能，纯 W 不能满足聚变堆的长期安全稳定运行的需求。但与碳基材料相比，其杂质容忍度降低了 2~3 个数量级。但是，随着对聚变堆的等离子磁约束技术水平不断提高，能够使等离子体边缘温度降低到其临界溅射温度以下，从而大大降低了 W 的溅射额，所以 W 又成了聚变堆中第一壁材候选材料的研究热点。主要通过成分设计和工艺改进两个途径改善 W 的材料性能，使其能够更好地在聚变堆环境中服役，延长材料在极端环境中的使用寿命。通常在 W 中添加弥散颗粒或者利用合金化改善 W 的性能，也可以通过提升工艺技术提高钨基材料的性能。

1.2.4　W 合金的第一壁材料研究

通过加入 Cu、Re、Mo、氧化物（Y_2O_3、La_2O_3）和碳化物（TiC、ZrC）等可以改善钨基材料的性能。

纯 W 具有高熔点、低膨胀系数等优点，可是 W 的导热性能差。为了实现 W 的良好导热性能，W-Cu 合金成了一个选项，充分利用了 W 和 Cu 两种材料的优点。Li 等人[22]通过采用多坯料挤压成型技术制备了三层 W-Cu 梯度材料，样品的致密度达 95%以上，但是在制备过程中出现了成分均匀化的趋势。方前锋等人[23]通过微波烧结法研制出了五层的 W-Cu 梯度功能材料，室温下此合金的热导率达 200W/(m·K)。葛昌纯等人[24]采用超高压梯度烧结法制备了五层 W-Cu 梯度材料，此材料的致密度达到97%，纯 W 层的致密度接近96%。由于 W 与 Cu 的热膨胀系数不匹配，W-Cu 合金在服役过程中产生大的热应力，造成两种材料的连接处出现断裂使材料失效。第一壁材料的热负荷主要是由于等离子的约束不稳定、扰动等导致强烈的瞬态热负荷，主要表现为三种形式：边界局域模、等离子破裂和垂直位移。边界局域模是正常的瞬态热负荷，等离子的破裂是正常的瞬态热负荷事件，在很短时间内（0.1~0.3ms）由于等离子的约束不稳定而形成的直接作用在第一壁材料上的强烈突发热负荷，另外等离子体会在垂直方向上漂移现象形成对第一壁材料的热负荷冲击。瞬态热负荷造成的材料失效直接影响到聚变堆的安全运行，很多科研人员对此现象进行了研究。Qu 等人[25]采用压缩等离子体来模拟瞬态热负荷现象，结果表明即使能量密度较低，W 也会出现裂纹、熔化和烧蚀。随着能量密度的增加，会出现以裂纹（主裂纹和二次裂纹形成的网状裂纹）为主的损伤现象。Li 等人[26]研究了瞬态热负荷下裂纹的形成机理，低能量密度下产生的裂纹是从中心向周围扩展，而高能量密度下裂纹则在周围形成。Hirai、Loewenhoff 和 Dai 等人[27-29]研究了温度对裂纹的影响机理。200℃时会形成主裂纹，温度越高裂纹越微小；温度越高 W 表面受到的损伤越严重，材料表面更加粗糙。托卡马克聚变装置的运行模式为脉冲式放电，长脉冲高约束下会产生周期的边界局域模形成额热负荷冲击，使 W-Cu FGM 连接层出现热振效应。Wang 等人[30]的实验研究表明，能量达到 9.8MW/m^2 时，经历 4 个循环后界面处就会产生裂纹，且在梯度层界面会有少量的 Cu 渗出；采用大气等离子体喷涂技术在 Cu 基上制备了厚度为 1.5mm 的 W 涂层，在温度为 900℃时可以承受 500 次 8.5MW/m^2的热负荷循环。陶光勇等人[31]对制备的 W-Cu FGM 利用水淬法进行热振试验表明 W 端比 Cu 端更易出现裂纹，但是在梯度界面处并未出现裂纹。

W-Mo 合金作为第一壁候选材料主要用在核聚变堆装置的偏滤器和限制器上，但是服役过程中，W-Mo 合金会表现出显著的辐照脆性和再结晶脆性。为了改善 W-Mo 合金材料的不足，Kurishita 等人[32]通过往 W-Mo 合金中添加 TiC，纯度为 99.99%的 Mo 平均颗粒大小为 5μm，纯度为 98%的 TiC 平均颗粒尺寸为 0.57μm，纯度 99.99%的石墨平均颗粒大小为 10μm，制作了含量不同的 Mo-TiC 合金（Mo-0.1%TiC、Mo-0.2%TiC、Mo-0.5%TiC、Mo-1%TiC、Mo-1%TiC-0.2%C（质量分数）共五个样品）。在辐照时，如果温度低于韧脆转变温度，辐照后 W-Mo 合金会出现一条较深的裂纹，但是裂纹的深度比纯 W 的浅。对合金再结晶前、后分别在 573K 、10^{23}n/m^2 级别（0.01dpa）的快中子辐照及 573~773K、8×10^{23}n/m^2 级别（0.08dpa）的辐照条件下进行了 5 次辐照测试结果，与 Mo-0.5%Ti-0.1%Zr（TZM，质量分数）对比发现添加了 TiC 的 Mo 合金的低温冲击韧性得到了明显提高；随着 TiC 含量的增加，Mo-TiC 合金阻碍晶粒长大的概率也随之增加；Mo-TiC 合金的韧脆转变温度也比 TZM 低了 200K。

在纯 W 中添加 Ta 也能够改善 W 材料的性能。Tejado 等人[33]从微观结构和化学成分两个方面研究了温度对 W-Ta 合金断裂行为的影响，合成了含质量分数 5%Ta 的 W-Ta 合金（W 的颗粒大小为 1~5μm 的纯度为 99.9%，Ta 的颗粒尺寸小于 2μm 的纯度为 99.9%）和质量分数大约 15%Ta 的 W-Ta 合金（W 的颗粒大小为 1μm 的纯度为 99.95%，Ta 的颗粒尺寸小于 75μm 的纯度为 99.95%）两种。实验研究发现，在 1273~1323K 范围内，5%Ta 的 W-Ta 合金表现出了从韧性到脆性的快速转变，脆裂韧性差，硬度较高；在 673K 时，15%Ta 的 W-Ta 合金的热扩散系数接近 32mm^2/s，虽然这一数值低于其他的研究结果，但是 W-5%Ta 合金的热扩散系数也接近 32mm^2/s；W-15%Ta 合金 673K 的韧脆转变温度也比 W-5%Ta 合金的低。另外，W-Ta 合金的韧性随着 Ta 含量的增加而降低[34]。

通过往 W 中添加 Y_2O_3 弥散颗粒制作的合金的抗腐蚀能力有了明显提升，添

加了 Y_2O_3 的 W 合金的弯曲强度能够达到 2GPa，合金的抗热负荷性能比纯 W 显著提高。W-Y 合金粉末球磨时，合金中的 Y 消耗掉部分 O 生成 Y_2O_3，实验中制作 W-Y 合金粉末时采用的是 5μm 的钨粉（0.019% O，0.0015% C）和 Y 粉（0.001% Fe_2O_3 最大颗粒尺寸为 250μm）与 W-1%Y（质量分数）混合进行球磨[35]。通过扫描电镜可以看到合金中的粉末颗粒大小约 4.5μm，XRD 测量发现烧结后的晶粒尺寸变化不大。Y 的掺杂增强了 W 的韧性。W-Y 合金的转变温度较高（在 1100~1200℃）[36]，随着温度的降低该合金表现出较差的断裂性能。

W-La_2O_3 合金作为聚变堆中第一壁材料的研究始于 1999 年[37]。La_2O_3 作为弥散增强相添加到 W 基材料中可以改善 W 的性能。La_2O_3 等稀土氧化物的化学性质不活泼、比较稳定，熔点比较高。利用机械合金化、喷雾干燥等技术手段把纯 W 粉末与 La_2O_3 粉末混合，把压强提高到 300MPa，通过热等静压进行烧结，然后把温度控制在 1823K 进行真空热压烧结，对材料的微观结构分析发现 W 晶粒的尺寸明显降低了（30~40μm），但是 W-La_2O_3 合金的密度与纯 W 的密度接近，合金的抗弯曲强度大约提高了 35%。在 1273~1973K 时，轧制后的合金屈服强度与纯 W 的相当，而退火后合金的屈服强度比纯 W 高出了 60~200MPa。粉末冶金法制作的 W-La_2O_3 合金断裂韧性（9.7MPa）比纯 W（5.4MPa）提高约 80%。在 $3MW/m^2$ 的热冲击实验中发现 W-La_2O_3 合金表面并没有出现气泡，但合金表面产生了微小的裂纹；随着热流密度的增加，合金会出现熔化、产生空洞甚至出现烧蚀现象。在 693K 时，暴露在 100eV 的氘气流中的 W-1%La_2O_3 中的氘滞留量达最大值（约是纯 W 的最大值的 2 倍）（见图 1-3），在晶界处会形成氘洞。Y. Ueda 等人[38]分别对再结晶后的纯 W 及 W-La_2O_3 合金进行了热处理，然后用 $1\times10^{25}H/m^2$、1KeV 的 H^{3+} 对纯 W 及 W-La_2O_3 合金进行辐照，研究两种材料的表面出现气泡的数量和裂纹的情况，对比后发现 W-La_2O_3 合金中的氢泡数量及密度都比纯 W 的多，断裂强度比纯 W 的低。G. Maddaluno 等人[39]用 D 轰击纯钨和 W-La_2O_3 合金，通过总解吸 D 原子个数和单位解吸 D 原子数分析可以发现，W-La_2O_3 合金中的 D 滞留量比纯 W 中的滞留量高出一个数量级。把 La_2O_3 颗粒添加到 W 中可以改善 W 材料的一些性能，La_2O_3 颗粒对 W 基体弥散强化，提高了 W 合金的强度和抗蠕变性能、降低了晶粒尺寸。但是，在辐照条件下 W-La_2O_3 合金中的氢同位素的滞留量比纯 W 的更大。

过渡金属 Ti 的碳化物的熔点高达 3200℃，TiC 的质量密度低，热膨胀系数接近纯钨的热膨胀系数。通过 TiC 的弥散强化可以改善钨基材料的性能，碳化钛是钨合金中一个较好的增强相。日本于 1999 年已用添加 TiC 弥散强化 W 制作 W 合金，研究 W-TiC 合金在聚变堆中的应用前景。国内直到 2007 年才开始这方面的应用研究。在 2373K 下对机械合金化工艺制作的 W-TiC 合金进行热压烧结，可以得到平均晶粒尺寸为 1.5μm 的 W-TiC 合金。随着 TiC 含量（0%~1%）的增

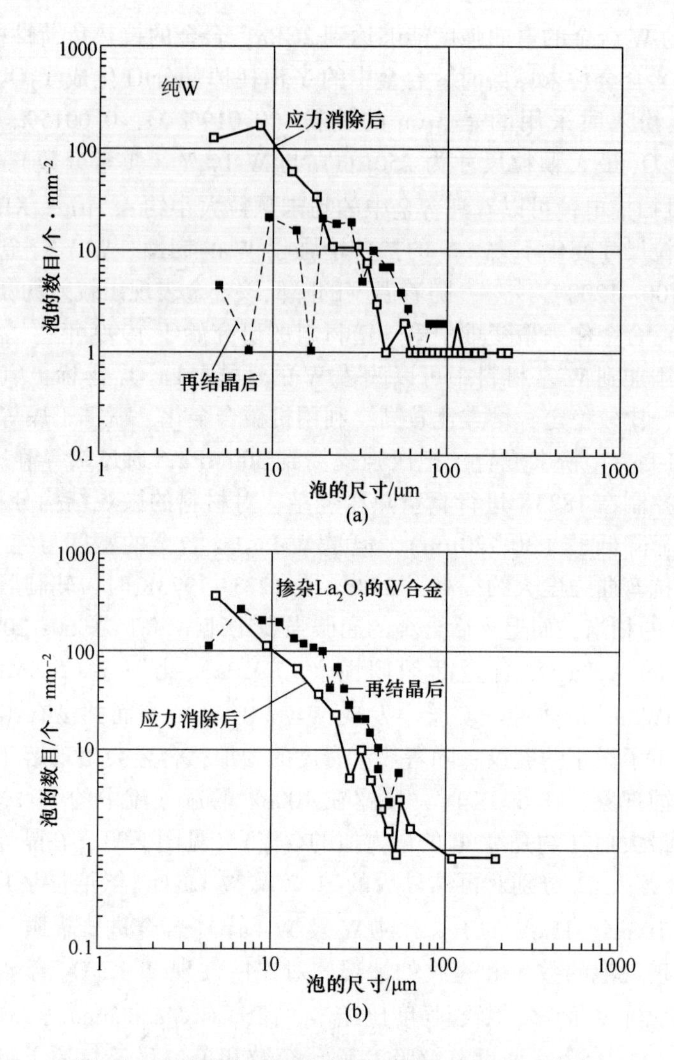

图 1-3 释放应力和再结晶后泡的尺寸大小分布[38]

(a) 纯 W；(b) 掺杂了 La_2O_3 的 W 合金

加，W-TiC 合金抗弯曲强度随着 TiC 含量的增加而增加。合金中的 TiC 含量达 1%时，合金最大强度为 1065MPa，冲击实验中发现合金能够承受 $6MW/m^2$ 的热冲击；TiC 含量进一步增加，合金强度不增反降，比如 TiC 含量为 1.5%时合金的强度已经下降到 985MPa。

种法力等人[40]制作了晶粒尺寸为纳米级（1%TiC_n/W，颗粒大小范围为 50~100nm）和微米级（1%TiC_μ/W，颗粒大小约为 1μm）的钨基合金粉末。相对密度为 98.4%的 TiC_n/W 合金硬度达 4.3GPa，杨氏模量达 396GPa；1%TiC_n/W 抗弯曲强度达 1065GPa，随着 TiC 的含量增加强度反而下降，W 合金随着纳米 TiC

颗粒含量的增加，合金中的 TiC 弥散颗粒会长大出现团聚现象，导致纳米碳化物合金的抗弯曲强度下降；1%TiC_{μ}/W 合金的性能比纯 W 有所改善，主要是由于微米级的颗粒大且含量低造成的。TiC_n 的添加增强了合金的晶界强度，通过合金的断裂面观察发现材料的断裂是以穿晶断裂为主，还有沿晶断裂（见图 1-4（b)），TiC_n 加入后能够细化晶粒、阻止晶粒慢慢长大，W 晶粒的大小保持在 1~1.5μm 范围内；TiC_{μ}/W 合金（见图 1-4（c)）的穿晶断裂面积比 TiC_n/W 合金的小，晶粒尺寸在 4~5μm 范围内，可见微米级的 TiC 颗粒改善晶界强度的效果不如纳米级的 TiC 颗粒好。W-TiC 合金的热负荷实验表明合金可以承受 4MW/m^2 的热负荷，随着热负荷的增加，W-TiC 合金的损伤会变得严重，甚至出现 C 杂质的释放。H. Kurishita 等人[41]发现在 Ar 气氛保护下球磨制作的 W-1.1%TiC 合金的断裂强度为 2.75GPa，在 H_2 气氛保护下制作的 W-1.1%TiC 合金的断裂强度为 2GPa。

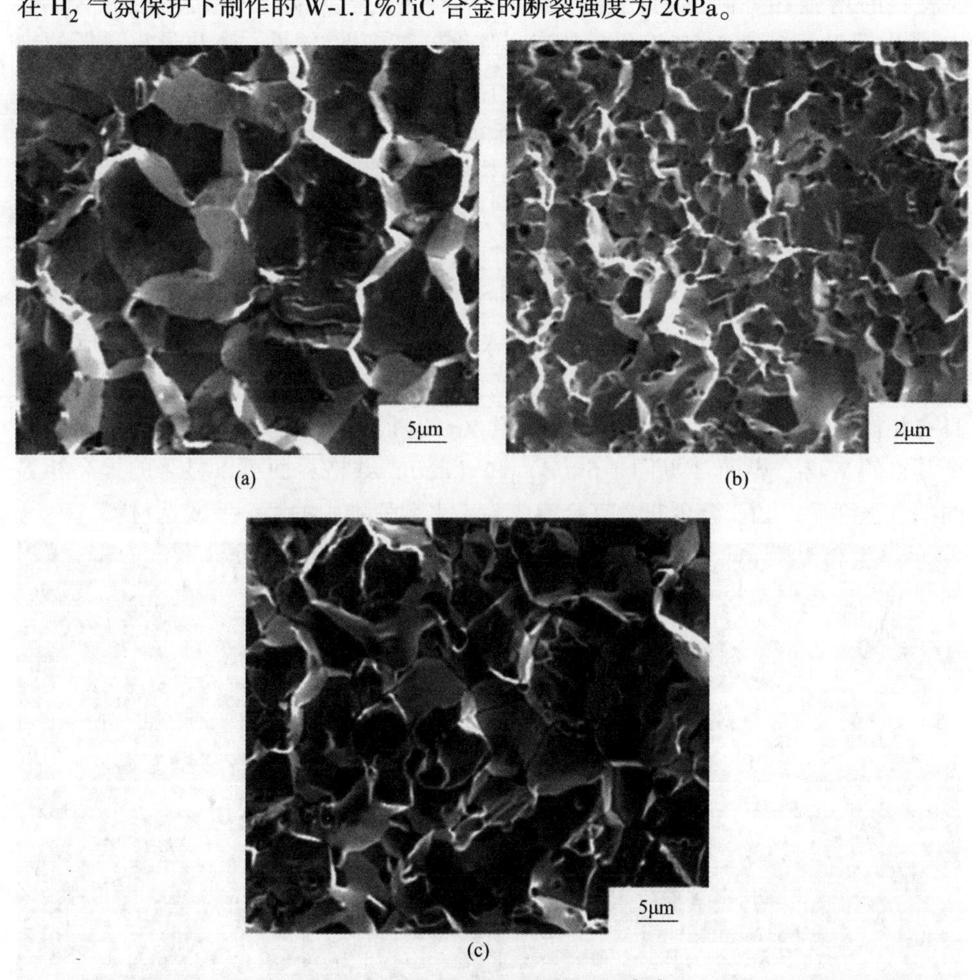

图 1-4 TiC/W 合金的断裂形貌[40]

（a）纯 W；（b）TiC_n/W；（c）TiC_{μ}/W

W-TiC 合金辐照的平均大小和数量密度分别是 2.0nm 和 2700 个/μm^3。在 563K 时对 W-0.3%TiC 进行辐照实验，辐照后合金的硬度 HV 增加了 30，比纯 W 的增量要小。在 873K 时对不同气氛下球磨得到的 W-TiC 合金进行中子辐照实验，发现合金没有出现硬化现象，但是纯 W 的硬度 HV 增加了 98。在 823K 时，当热流为 3MeV、辐照剂量为 23×10^{23} He/m^2 时，辐照后发现 W-0.3%TiC 表面出现剥落和裂痕，但是纯 W 在 1%的剂量时就会出现上述情况。添加了 TiC 后 W 材料的抗（D 或 He）辐照性能比纯 W 好，在 D 与 He 的混合辐照下，能够抑制气泡的产生和 D 在钨基合金中的滞留。

W-ZrC 合金也被认为是非常有希望的第一壁候选材料。由于 ZrC 具有高熔点、高硬度、热力学稳定性好、中子吸收截面低等优点，因此 ZrC 可作为改善钨基材料的增强相。国内对纳米结构的 W-ZrC 合金进行了研究，其中 Xie 等人[42-43]研发的 W-0.5%ZrC 合金具有高强度、高韧性/塑性、高热导率、低的韧脆转变温度、很好的抗热负荷和抗等离子体刻蚀能力。

因为间隙原子在晶界的偏聚容易降低晶界的结合强度，导致低温下的晶间断裂。所以通过降低杂质原子在晶界的偏聚来提高钨基材料的韧性和延展性。Xie 和 Liu 等人[44-45]研究了 Zr 对 W 材料的力学性能的影响，发现 Zr 与 W 中的杂质 O 形成 ZrO_2，降低了晶界处 O 的含量，提高了低温下的材料延展性，降低了材料的韧脆转变温度。所以若 W 掺杂 Zr 使材料中杂质 O 的含量降得越低，其延展性和强度的提高也就越显著。W 中加入 ZrC 后，在晶界处 ZrC 与 O 反应生成 ZrO_2 或者 Zr-C-O 颗粒，从而提高晶界的强度及 W 基材料的低温延展性。同时，具有相似的物理（或化学）特点的 W 和 ZrC 有很好的相溶性，材料中会形成完全共格的 W-ZrC 界面（见图 1-5（d）和（e）），共格界面可以显著的提高相界的结合强度。W-ZrC 合金非常有希望成为未来聚变堆中的第一壁候选材料。

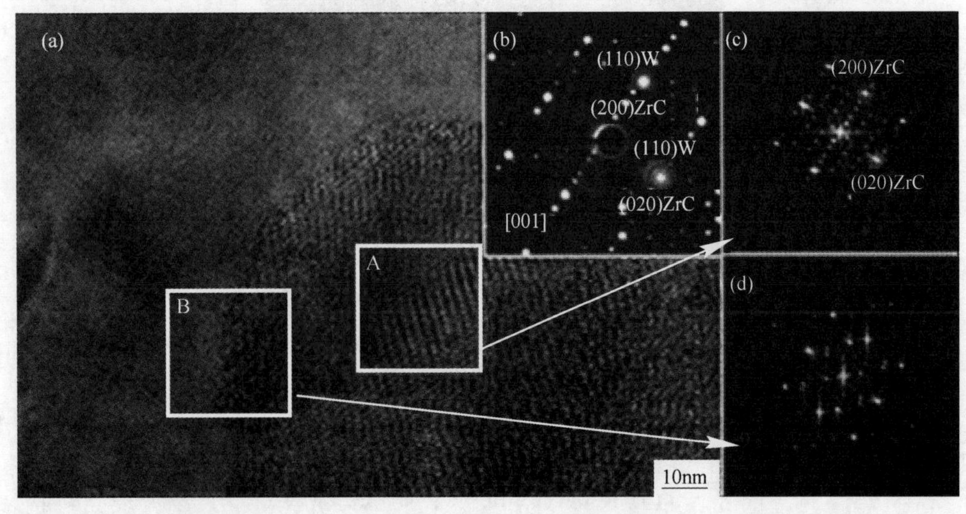

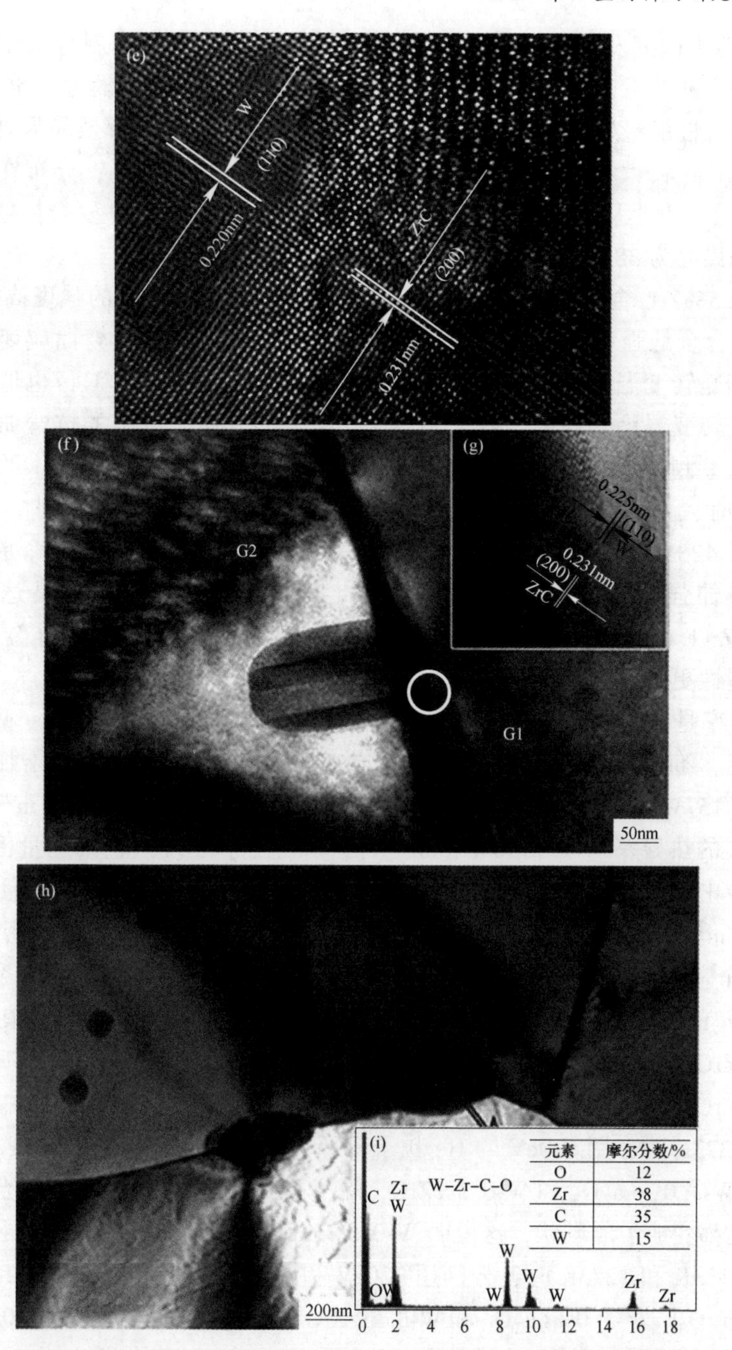

图 1-5 W-ZrC 合金中 W 基和 ZrC 第二相形成的界面分析[42]

(a) 沿着 [001] 方向 W 和 ZrC 的 HRTEM 图；(b) SAEDP 表面材料是面心立方结构；
(c) 傅里叶转换；(d) (e) W 与 ZrC 形成了完全共格结构；(f) TEM 表面 ZrC 颗粒插入两个 W 晶界中（G1 表示右边的，G2 表示左边的）；(g) ZrC 弥散体与 G2 形成的半共格结构；
(h) 晶界处形成了 W-Zr-C-O 的大颗粒；(i) EDX 分析

Xie 等人研究发现影响 W-ZrC 合金的一个关键因素是控制合金中 ZrC 的含量。经过不断的工艺探索和成分优化分析，研究发现 ZrC 含量为 0.5%的 W-ZrC 合金的综合性能最好。ZrC 颗粒在合金中主要分布在晶粒内部及晶界处，晶粒内分布的 ZrC 颗粒大小从 29nm 到 200nm，其平均尺寸约 51nm；分布在晶界处的 ZrC 颗粒尺寸大小从 40nm 到 200nm，晶界处有少量的 W-Zr-O 复合体颗粒，复合体的平均尺寸为 385nm。

W-0.5%ZrC 合金在室温下断裂应力高达 2.5GPa，合金的强度高于 ODS W 和 W-Re 合金的强度。在 373K 时，轧制的 W-0.5%ZrC 合金弯曲应变达 5.0%。合金的韧脆转变温度为 100℃，比商业纯 W 的低了大约 300℃，也低于其他合金的韧脆转变温度。在 373~873K，随着温度的升高，合金的抗弯曲强度会下降。室温下测得合金的延伸率及拉伸强度分别为 1.1%和 991MPa。当温度提高到 373K 时，合金材料的延伸率提高到 3%，其拉伸强度也提高到 1.1GPa；如果温度从 423K 变到 473K，合金的延伸率从 6.5%增加到 14.2%。在 773K 时合金的拉伸强度仍然高达 583MPa，但此时合金材料的延伸率高达 41%。与 W-0.2%Zr-1.0%Y_2O_3 和 W-1.0%Y_2O_3 合金相比，W-0.5%ZrC 合金的强度更高、延展性更好和韧脆转变温度也更低。

热导率是描述第一壁材料的一个非常重要的参数，直接影响第一壁材料的热传导性能。随着退火温度的升高，W-0.5%ZrC 合金的热导率略有增加，热导率的数值（157W/(m·K)）略低于 ITER 中纯 W 的热导率（160W/(m·K)），但比 W-TiC 的热导率（小于 90W/(m·K)）高。用 0.66GW/m^2 的能量密度对样品进行热冲击试验 5ms，W-0.5%ZrC 合金表面没有裂纹或熔化；能量密度达到 0.88GW/m^2 时仍然没有出现裂纹，但表面开始有熔化；当能量密度增加到 1.1GW/m^2 时，合金的表面同时出现裂纹和熔化现象，所以合金的开裂阈值范围是 0.88~1.1GW/m^2。随着能量密度的增加，沿着裂纹出现波浪状，说明 W-0.5%ZrC 合金具有良好的延展性和塑性。与其他材料的开裂阈值相比，W-0.5%ZrC 合金具有非常好的抗热振能力。

在 1273K 时，用 620eV 的 He 粒子辐照 W-1.0%Y_2O_3，W-1.0%Y_2O_3（体积分数），W-1.0%La_2O_3 和 W-0.5%ZrC，除了 W-0.5%ZrC 合金，其他合金材料表面的针孔都变成了珊瑚状，这说明 W-0.5%ZrC 合金具有较好的抗 He 粒子辐照性能。在 1173K 和 1273K 时，分别用 220eV 和 620eV 的 He 粒子对 W-1.0%Y_2O_3、W-1.0%Y_2O_3、W-1.0%La_2O_3 和 W-0.5%ZrC 合金进行辐照，发现 W-0.5%ZrC 合金的改性层厚度比其他材料的都小。在 453K 时，用能量为 90eV，通量为 5×10^{21}个/(m^2·s) 的 D 等离子体对纯 W、W-0.5%ZrC、W-0.5%HfC 和 W-0.5%TiC 辐照，纯 W 的表面出现了尺寸为 1~10μm 的大泡，然而 W-0.5%HfC 和 W-0.5%TiC 表面的泡的尺寸小于 1μm，W-0.5%ZrC 合金表面的泡的尺寸约

100nm，但是其密度大，表明 W-0.5%ZrC 合金的抗 D 离子辐照能力更好。W-0.5%ZrC 合金中的氢滞留比纯 W 中的少，合金中的 Zr 以碳化物或氧化物的形式稳定存在，这与 Zr 金属的特点显著不同。在 833K 时合金的脱附峰比纯 W 的低，大部分的 D 在 400K 时脱离了材料的表面，所以合金中的 D 滞留量较低。退火温度低于 1573K 时，W-0.5%ZrC 中的晶粒保持长条形，在 1573K 进行退火，材料中开始出现等轴晶，随着温度升高到 1873K 时，长条形的晶粒比例显著降低，逐渐被等轴晶代替，这说明 W-0.5%ZrC 合金的再结晶温度范围是 1573～1873K。再结晶后 W-0.5%ZrC 合金的韧脆转变温度没变，高的再结晶温度和良好的高温稳定性有利于其在高温环境中安全服役。

关于钨基材料的理论研究，Hu 等人[46]利用第一性原理研究了 Ti、V、Cr、Zr、Mo 等 19 种过渡元素对钨基合金弹性性能的影响。所有的过渡元素都降低了体心立方 W 的剪切模量，Y 对 W 的弹性模量影响最大，电子云的分布导致 W 与过渡元素的成键出现畸变，从而影响 W 的弹性性能。Kong 等人[47]利用第一性原理研究了过渡元素（Mn、Fe、Tc、Ru、Rh、Re、Os、Ir、Pt 和 Au）溶质原子与点缺陷的相互作用机理，初始阶段过渡金属溶质原子并不偏聚到一起，在 W 合金中过渡金属元素逐渐聚集形成小团簇，在材料中形成合金固溶体，材料的微观结构发生变化，导致材料力学性能发生变化。

等离子体对第一壁材料的轰击导致其力学性能和强度发生改变。所以有必要研究 H、He 与 W 材料的相互作用机理。Zhou 等人[48]利用第一性原理研究了 H 在 W 晶界的溶解、偏聚和扩散及晶界对 H 的捕获机理（如图 1-6 所示），从图1-6（a）可知，H 在间隙位和空位时的偏聚能为负值，在取代位时的偏聚能为正值。H 的溶解和偏聚与电荷密度有关，这可以通过 H 在不同间隙点的溶解能和偏聚能进行分析，H 一旦被晶界捕获很难脱离晶界，但是，晶界捕获的

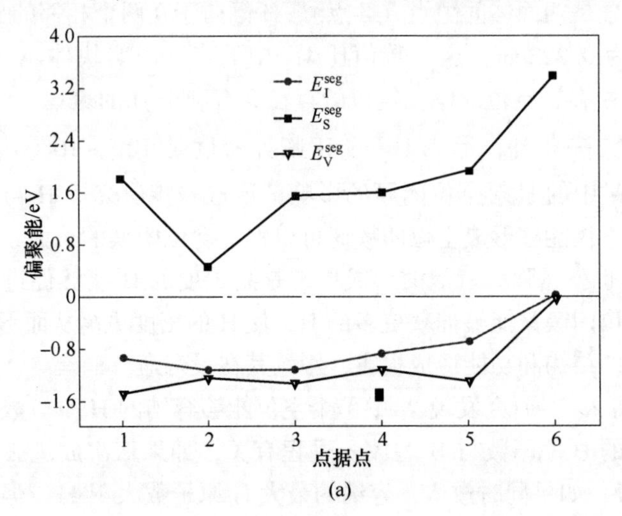

(a)

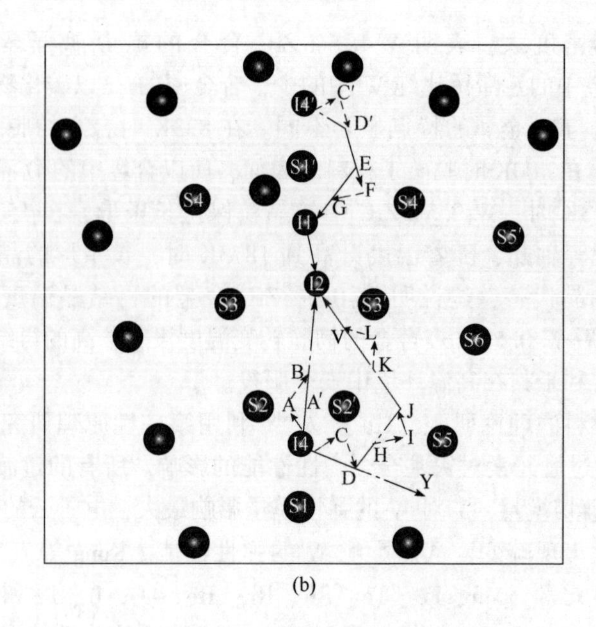

(b)

图 1-6 H 在 W 晶界的偏聚能和扩散路径

（大蓝球代表 W 原子，小红球表示 W 晶界的间隙 H 原子）

（a）每个 H 在 W 晶界的偏聚能与占据点之间的函数（间隙位置 $E_{\mathrm{I}}^{\mathrm{seg}}$，替代位置 $E_{\mathrm{S}}^{\mathrm{seg}}$，空位位置 $E_{\mathrm{V}}^{\mathrm{seg}}$）；

（b）H 沿着 W 晶界扩散的示意图，包括 I1→I2 的扩散路径和 I4→I2 的扩散路径

H 原子个数不会超过 2 个，所以在 W 晶界不会形成氢分子或出现 H 泡。由于晶界的空位形成能比块体中的更低，实验上看到的 H 泡有可能是空位捕获 H 产生的。

Liu 等人[49]研究了 W 中 H 泡的形成机理（见图 1-7），在 W 块体中 H 最有可能占据的位置是四面体间隙点（T-点），H 倾向于在两个相邻的 T-点成对出现，H—H 间距约为 0. 222nm，这一数值比 H_2 中的大，说明块体 W 里不容易形成 H_2。如果块体中存在空位缺陷，空位的存在会有利于 H 的聚集，这是 H_2 的形成和氢泡成核的先决条件，形成 H_2 的 H 临界密度是 $10^{19} \sim 10^{20}$ 个/m^2。Wang 等人[50]研究了 W 中的 H 对空位团簇的影响，还进一步研究了 H 与空位的相互作用，H 的存在不仅能够形成空位团簇还可以促进空位团簇的长大，空位团簇越大容纳 H 的能力也就越强。氢泡的形成机理是高浓度的 H 能够促进空位团簇的长大，长大的空位团簇又能够捕获更多的 H，使 H 的密度更高从而形成氢泡，导致材料变脆，对的结构和功能造成损害，影响其在役寿命。

Guerrero 等人[51]研究发现 W 中单个空位能够容纳的 H 原子数最多为 10~12 个，最多容纳的 H 原子数与 H 的放入过程有关，如果依次放进去，最多能够捕获 10 个氢原子；如果同时放入，容纳的最大 H 原子数大于 11，但对形成氢泡来

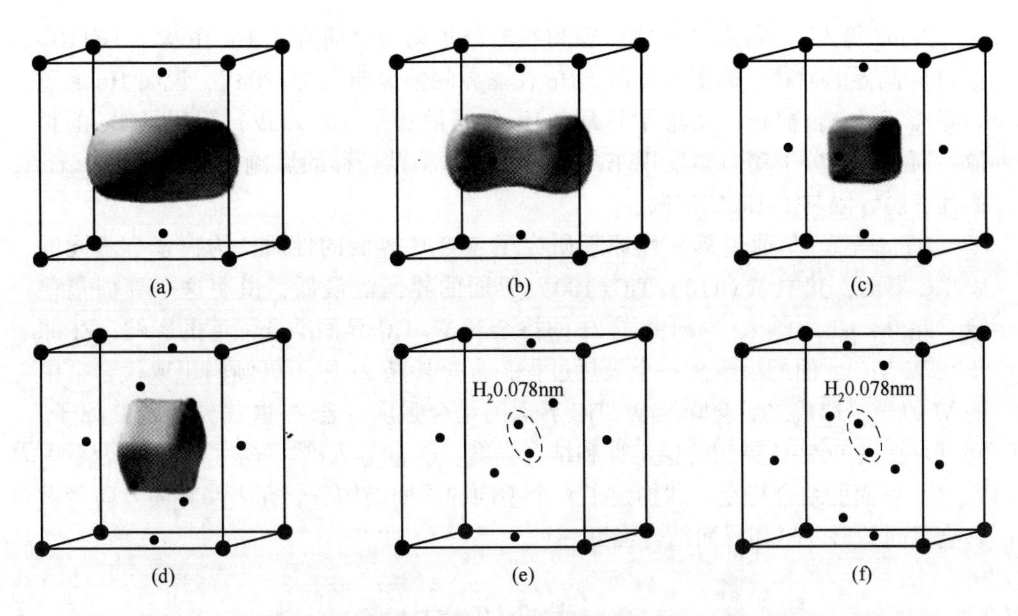

图 1-7 单空位中容纳不同 H 原子数和电荷等值面的示意图[49]
(a) 2H;(b) 4H;(c) 6H;(d) 8H;(e) 8H(亚稳态);(f) 10H

说是比较少的,要想与实验中观察到的 H 气泡现象建立直接的关联,还需要进一步研究 H 的捕获量到 H 泡形成长大的过程。此外 Kong 等人[52]还研究了温度对 H 在钨中的扩散和溶解的影响。随着温度的升高,H 在四面体和八面体的溶解变得更加容易,四面体位置的溶解能降低速率高于八面体位置的溶解能降低速率,因此 H 原子更倾向于占据四面体位置。W 中的 H 原子沿着从一个 T-点到第一近邻 T-点的路径进行扩散。在 300~1200K,H 在 W 中的扩散受杂质原子的影响较大。

You 等人[53]基于第一性原理研究了 H 和 He 在间隙点、空位及空位团簇的聚集。在 W 中,H 很难在间隙点聚集形成一个稳定的团簇,但是 He 可以在(110)平面间紧密地聚集形成单层 He 结构。单空位很难长大形成空位团簇,但是随着空位数和 H/He 数的增加,H、He 空位复合体的第一、第二近邻空位形成能下降,逐渐变化形成 H 双空位复合体或 He 双空位复合体,空位复合体随着空位数的增多逐渐长大,长大后的空位复合体捕获 H/He 原子的能力也随之增强,最后有可能形成氢泡/氦泡,这个成泡机制能够比较合理地解释实验上观察到的起泡现象。W 中的 He 对氢的扩散行为有影响[54-56],不管 He 是占据间隙位置还是空位,都会阻碍 H 在 W 中的聚集长大;在六方密排 WC 中,间隙 H 原子优先占据 O-点(八面体间隙),优先沿 WC 晶体的 c 轴方向扩散。

Wang 等人[57]利用第一性原理和经典分子动力学研究了 He 在 WΣ3<110>{111} 晶界的捕获、偏聚和扩散。He 在晶界的偏聚能是-3.20eV，说明 He 通过间隙捕获或空位捕获，在晶界平面内 He 的扩散势垒（1.97eV）阻碍了 He 的扩散。通过经典分子动力学发现 He 的扩散受到晶界迁移的影响。晶界相当于 He 的捕获阱，限制了 He 的扩散。

Dang 等人[58]通过第一性原理研究了 W-TiC 界面的性质，构建 4 个不同的 W-TiC 界面，其中 W(110)/TiC(100) 界面的界面能最低，说明这个界面最稳定。此外，Chen 等人[59]研究了 Zr 的掺杂对 W/TiC 界面结合强度的影响，Zr 原子在 W/TiC 界面的溶解是一个吸热过程，合金掺杂 Zr 原子更倾向于取代合金中的 W 原子，取代之后会降低 W/TiC 界面的结合强度。若 Zr 取代界面处 C 原子，则可以提高 W/TiC 界面的稳定性和结合强度。Qian 等人[60]研究了 W-ZrC 合金中 W/ZrC 界面的结合特点，共构建了 6 个不同的界面结构，研究表明界面方向严重影响界面的形成热和界面结合强度。

1.3 主要研究内容

通过调研、分析发现，钨（W）及其合金具有较好的综合性能，在高温等极端环境中服役时能够表现出良好的力学性能。因此，W 基材料被认为是未来非常有希望的第一壁候选材料。其中，Xie 等人通过 ZrC 弥散强化 W 研发的 W-0.5%ZrC 合金（质量分数）在低温下表现出良好的塑性和延展性、高的强度、低的韧脆转变温度，以及 H 同位素的滞留量低等优点。实验中发现界面及杂质原子直接影响 W-0.5%ZrC 合金（质量分数）的力学性能，了解更详细的界面结构信息可以为材料的设计提供一定的理论指导，设计出力学性能更好的钨基材料。基于 DFT 的第一性原理是研究微观结构信息的一个重要理论手段和方法。但是关于 W-0.5%ZrC 合金（质量分数）界面结构的研究信息目前比较少，界面的稳定性、结合强度及 H、He 在界面的扩散等信息尤其少。因此，本书开展关于 W-ZrC 合金界面的第一性原理研究，包括研究类块体情况下的 W-ZrC 界面性质，H、He 在界面中扩散机理和规律，不同 W-TMC 界面的性质和杂质原子对界面脆性的影响，以及 Zr 净化晶界处杂质 O 原子形成的 ZrO_2 对界面性质的影响。

参考文献

[1] 李芳，王芮，陈玉博．新能源经济学研究进展［J］．可再生能源，2018，40：31-35.
[2] 广徐，张微杜，国飞．中国核聚变研究现状与发展趋势［J］．科技视野，2019：148-150.
[3] 张一鸣．ITER 计划和核聚变研究的未来［J］．真空与低温，2006，12：231-237.
[4] 何海燕，丁文艺，潘必才．磁约束可控热核聚变堆中的第一壁材料钨的研究状况和面临

的若干问题［J］. 安徽师范大学学报, 2014, 37: 314-315.

[5] KNASTER J, MOESLANG A, et al. Materials research for fusion [J]. Nat. Phys., 2016, 12: 424-434.

[6] PATEL B, PARSONS W. Operational beryllium handling experience at JET [J]. Fusion Eng. Des., 2003, 69: 689-694.

[7] FEDERICI G, BARABASH V, LINKE J, et al. Material plasma surface interaction issues following neutron damage [J]. J. Nucl. Mater., 2003: 42-51.

[8] LI Q, LUO G N, LIU M, et al. Coating materials for fusion application in China [J]. J. Nucl. Mater., 2011, 417: 1257-1261.

[9] CHEN J L, LI H, LI J G, et al. High heat load tests on W/Cu mock-ups and evaluation of their application to EAST device [J]. Fusion Eng. Des., 2009, 84: 1-4.

[10] GLUDOVATZ B, WURSTER S, HOFFMANN A, et al. Fracture toughness of polycrystalline tungsten alloys [J]. Int. J. Refract. Met. H., 2010, 28: 674-678.

[11] MASOUDI A, ABBASZADEH H, SAFABINESH H, et al. Investigation on the characteristics of micro- and nano-structured W-15% Cu composites prepared by powder metallurgy route [J]. Int. J. Refract. Met. H., 2012, 30: 145-151.

[12] QIU H X, SHU X Y, HUANG B, et al. Preparation and characterization of potassium doped tungsten [J]. J. Nucl. Mater., 2013, 440: 414-419.

[13] HUANG B, HE B, XIAO Y, et al. Preparation and thermal shock characterization of yttrium doped tungsten-potassium alloy [J]. J. Alloys Compd., 2016, 686: 298-305.

[14] LIU T, FAN J L, ZHU S, et al. Synthesis of ultrafine/nanocrystalline W-(30-50) Cu composite powders and microstructure characteristics of the sintered alloys [J]. Int. J. Refract. Met. H., 2012, 30: 33-37.

[15] 钱蓉晖. 面对等离子体材料铍的抗热冲击性能［J］. 核科学与工程, 1999, 19: 57-61.

[16] BALUC N, WURSTER S, BATTABYAL M, et al. Recent progress in R&D on tungsten alloys for divertor structural and plasma facing materials [J]. J. Nucl. Mater., 2013, 442: S181-S189.

[17] HASEGAWA A, FUKUDA M, TANNO T, et al. Neutron irradiation behavior of tungsten [J]. Mate. Trans., 2013, 54 (4): 466-471.

[18] ZINKLE S J, SNEAD L L. Designing radiation resistance in materials for fusion energy [J]. Annu. Rev. Mater. Res., 2014, 44 (1): 241-267.

[19] FRAUENFELDER R. Solution and diffusion of hydrogen in tungsten [J]. J. Vac. Sci. Technol., 1969, 6 (3): 388-397.

[20] MAZAEV A A, AVARBE R G, VILK Y N. Solubility of hydrogen in tungsten at high temperatures and pressures [J]. Izv. Akad. Nauk SSSR, Metal., 1968, 25 (6): 267-270.

[21] JOHNSON D F, CARTER E A. Hydrogen in tungsten: Absorption, diffusion, vacancy trapping, and decohesion [J]. J. Mater. Res., 2010, 25 (2): 315-327.

[22] LI B B, XIE J X. Processing and microstructure of functionally graded W/Cu composites fabricated by multi-billet extrusion using mechanically alloyed powders [J]. Compos. Sci. Technol., 2006, 66:

2329-2336.

[23] LIU R, HAO T, WANG K, et al. Microwave sintering of W/Cu functionally graded materials [J]. J. Nucl. Mater., 2012, 431: 196-201.

[24] ZHOU Z J, DU J, et al. Microstructure characterization of W/Cu functionally graded materials produced by a one-step resistance sintering method [J]. J. Alloy. Compd., 2007, 428: 146-150.

[25] QU M, KONG F H, YAN S, et al. Damages on pure tungsten irradiated by compression plasma flows [J]. Nucl. Instrum. Methods Phys. Res., 2019, 444: 33-37.

[26] LI X B, ZHU D H, LI C J, et al. Cracking and grain refining behaviors of tungsten based plasma facing materials under fusion relevant transient heat flux [J]. Fusion Eng. Des., 2017, 125: 515-520.

[27] HIRAI T, PINTSUK G, LINKE J, et al. Cracking failure study of ITER-reference tungsten grade under single pulse thermal shock loads at elevated temperatures [J]. J. Nucl. Mater., 2009, 390: 751-754.

[28] LOEWENHOFF T, LINKE J, PINTSUK G, et al. ITER-W monoblocks under high pulse number transient heat loads at high temperature [J]. J. Nucl. Mater., 2015, 463: 202-205.

[29] LOEWENHOFF T, LINKE J, PINTSUK G, et al. Tungsten and CFC degradation under combined high cycle transient and steady state heat loads [J]. Fusion Eng. Des., 2012, 87 (7/8): 1201-1205.

[30] WANG B G, ZHU D H, LI C J, et al. Performance of full compositional W/Cu functionally gradient materials under quasi-steady-state heat loads [J]. Ieee T. Plasma Sci., 2018, 46 (5): 1551-1555.

[31] 陶光勇，郑子樵，刘孙和. W/Cu 功能梯度材料的制备及热循环应力分析 [J]. 复合材料学报，2006，23 (4): 72-77.

[32] KITSUNAI Y, KURISHITA H, SHIBAYAMA T, et al. Development of Mo alloys with improved resistance to embrittlement by recrystallization and irradiation [J]. J. Nucl. Mater., 1996, 233-237: 557-564.

[33] CARVALHO P A, TEJADO E, MUNOZ A, et al. The effects of tantalum addition on the microtexture and mechanical behaviour of tungsten for ITER applications [J]. J. Nucl. Mater., 2015, 467: 949-955.

[34] GLUDOVATZ B, WURSTER S, HOFFMANN A, et al. Fracture behaviour of tungsten-vanadium and tungsten-tantalum alloys and composites [J]. J. Nucl. Mater., 2011, 413: 166-176.

[35] AVETTAND-FÈNOËL M N, TAILLARD R, DHERS J, et al. Effect of ball milling parameters on the microstructure of W-Y powders and sintered samples [J]. Int. J. Refract. Met. H., 2003, 21: 205-213.

[36] RIETH M, DUDAREV S L, VICENTE S M G D, et al. Recent progress in research on tungsten materials for nuclear fusion applications in Europe [J]. J. Nucl. Mater., 2013, 432: 482-500.

[37] FAN C S, RUSS P D, STAN L. Investigation of plasma exposed W-1% La_2O_3 tungsten in a high ion flux, low ion energy, low carbon impurity plasma environment for the International

Thermonuclear Experimental Reactor [J]. J. Nucl. Mater., 1999, 264: 10.

[38] FUNABIKI T, UEDA Y, SHIMADA T, et al. Hydrogen blister fonmation and cracking behavior for various tungsten materials [J]. J. Nucl. Mater., 2005, 337-339: 1010-1014.

[39] MADDALUNO G, GIACOMI G, RUFOLONI A, et al. Deuterium retention and surface modification of tungsten macrobrush samples exposed in FTU Tokamak [J]. J. Nucl. Mater., 2007, 363-365: 1236-1240.

[40] 陈勇, 种法力, 于福文, 等. 钨基面对等离子体材料的制备和性能 [J]. 材料科学与工程, 2019, 37: 986-990.

[41] MATSUO S, KURISHITA H, ARAKAWA H, et al. High temperature tensile properties and their application to toughness enhancement in ultra-fine grained W-(0-1.5)%TiC [J]. J. Nucl. Mater., 2009, 386-388: 579-582.

[42] XIE Z M, LIU R, MIAO S, et al. Extraordinary high ductility/strength of the interface designed bulk W-ZrC alloy plate at relatively low temperature [J]. Sci. Rep., 2015, 5: 16014.

[43] LIAN Y Y, LIU X, GREUNER H, et al. Irradiation effects of hydrogen and helium plasma on different grade tungsten materials [J]. Nucl. Mate. Energy, 2017, 12: 1314-1318.

[44] XIE Z M, LIU R, FANG Q F, et al. Spark plasma sintering and mechanical properties of zirconium micro-alloyed tungsten [J]. J. Nucl. Mater., 2014, 444: 175-180.

[45] XIE Z M, LIU R, HAO T, et al. Fabricating high performance tungsten alloys through zirconium micro-alloying and nano-sized yttria dispersion strengthening [J]. J. Nucl. Mater., 2014, 451: 35-39.

[46] HU Y J, LI S S, WANG Y, et al. Effects of alloying elements and temperature on the elastic properties of W-based alloys by first-principles calculations [J]. J. Alloys Compd., 2016, 671: 267-275.

[47] KONG X S, WU X B, YOU Y W, et al. First-principles calculations of transition metal-solute interactions with point defects in tungsten [J]. Acta Mater., 2014, 66: 172-183.

[48] ZHOU H B, LIU Y L, JIN S, et al. Investigating behaviours of hydrogen in a tungsten grain boundary by first principles: From dissolution and diffusion to a trapping mechanism [J]. Nucl. Fusion, 2010, 50: 1-10.

[49] LIU Y L, ZHANG Y, ZHOU H B, et al. Vacancy trapping mechanism for hydrogen bubble formation in metal [J]. Phys. Rev. B, 2009, 79: 1-4.

[50] WANG L F, SHU X L, LU G H, et al. Energetics and structures of hydrogen-vacancy clusters in tungsten based on genetic algorithm [J]. Sci. China Phys. Mech., 2018, 61: 1-4.

[51] GUERRERO C, GONZÁLEZ C, IGLESIAS R, et al. First principles study of the behavior of hydrogen atoms in a W monovacancy [J]. J. Mater. Sci., 2016, 51: 1445-1455.

[52] KONG X S, WANG S, WU X B, et al. First-principles calculations of hydrogen solution and diffusion in tungsten: Temperature and defect-trapping effects [J]. Acta Mater., 2015, 84: 426-435.

[53] YOU Y W, LI D D, KONG X S, et al. Clustering of H and He, and their effects on vacancy evolution in tungsten in a fusion environment [J]. Nucl. Fusion, 2014, 54: 103007.

[54] KONG X S, YOU Y W, LIU C S, et al. First principles study of hydrogen behaviors in hexagonal tungsten carbide [J]. J. Nucl. Mater. , 2011, 418: 233-238.

[55] YOU Y W, KONG X S, FANG Q F, et al. A first-principles study on hydrogen behavior in helium-implanted tungsten and molybdenum [J]. J. Nucl. Mater. , 2014, 450: 64-68.

[56] KONG X S, YOU Y W, XIA J H, et al. First principles study of intrinsic defects in hexagonal tungsten carbide [J]. J. Nucl. Mater. , 2010, 406: 323-329.

[57] NIU L L, WANG X X, WANG S Q. Strong trapping and slow diffusion of helium in a tungsten grain boundary [J]. J. Nucl. Mater. , 2017, 487: 158-164.

[58] DANG D Y, SHI L Y, FAN J L, et al. First-principles study of W-TiC interface cohesion [J]. Surf. Coat. Technol. , 2015, 276: 602-605.

[59] CHEN L, XIONG L, LI D S, et al. First-principles calculation of Zr doping on cohesion properties of TiC/W interfaces [J]. Fusion Eng. Des. , 2017, 125: 85-88.

[60] QIAN J, WU C Y, GONG H R, et al. Cohesion properties of W-ZrC interfaces from first principles calculation [J]. J. Alloys Compd. , 2018, 768: 387-391.

2 计算方法

2.1 概　述

本书理论计算采用的软件是 VASP（Vienna Ab Initio Simulation Package），是由维也纳大学开发的在原子尺度上计算材料的电子结构，也可以对材料的微观性质进行第一性原理分子动力学模拟。VASP 与 CASTEP 是同源软件。从 20 世纪 90 年代开始，随着超软赝势（USPP）和投影缀加平面波（PAW）的使用，VASP 开始了并行运算。可以通过对薛定谔方程近似求解得到研究体系的电子态和能量，也可以基于密度泛函理论求解 Kohn-Sham 方程。通过 USPP 和 PAW 来描述电子和离子间的相互作用，电子与电子间相互作用的交换关联势可以通过广义梯度近似（GGA）下的赝势来描述（如 PBE 和 PW91）。VASP 是一个非常有效和可靠的计算软件，结果可靠准确，是目前应用最广的第一性原理计算软件。

第一性原理计算方法（first principle calculations），即从头计算（ab inito calculation）。该方法可以从研究核外电子运动的角度来研究物质的结构和性质。第一性原理计算方法是把组成物质的结构微粒近似成由电子和原子实（原子核）组成的多粒子体系。借助于现代计算机技术和量子力学的理论进行模拟，根据模拟的结果来预测研究对象的物理性质和化学性质。通过量子力学理论来处理电子的运动问题，得到某种近似情况下的量子波函数及其对应的本征值，进一步得到关于研究体系的总能量及体系的电子结构、化学键和弹性等信息。如今，第一性原理计算方法在多个学科研究领域得到了广泛应用，比如在物理、化学、生物、材料、能源等领域，在科学研究中和生产中的参考价值越来越大。第一性原理在新能源领域材料的研发、预测和新型材料的研发定型等方面都有非常重要的参考价值和意义。

因为研究对象是多粒子体系，数量较多的电子参与，如果想要对多粒子体系进行精确的理论近似处理，就需要借助薛定谔方程（Schrödinger equation）：

$$i\hbar \frac{\partial}{\partial t}\psi(\boldsymbol{r}, \boldsymbol{R}) = \widehat{H}\psi(\boldsymbol{r}, \boldsymbol{R}) \tag{2-1}$$

式中，$\boldsymbol{r}$ 表示体系中的所有电子的坐标；$\boldsymbol{R}$ 表示体系中原子实（原子核）的坐标；$\widehat{H}$ 是体系的哈密顿量。

体系的哈密顿量 $\widehat{H}$ 可以写成：

$$\widehat{H}=\sum_{\alpha=1}^{N_\alpha}\frac{P_\alpha^2}{2m}+\sum_{\beta=1}^{N_\beta}\frac{P_\beta^2}{2M}+\frac{1}{8\pi\varepsilon_0}\sum_{i\neq j}\frac{e^2}{|\boldsymbol{r}_i-\boldsymbol{r}_j|}+\frac{1}{8\pi\varepsilon_0}\sum_{\delta\neq\gamma}\frac{Z_\delta Z_\gamma e^2}{|\boldsymbol{R}_\delta-\boldsymbol{R}_\gamma|}-\frac{1}{4\pi\varepsilon_0}\sum_{i,\delta}\frac{Z_\delta e^2}{|\boldsymbol{r}_i-\boldsymbol{R}_\delta|}\tag{2-2}$$

式中，P_α 和 P_β 分别表示第 α 个电子和第 β 个原子实（原子核）的动量；m 和 M 分别表示电子和原子实（原子核）的质量；$\boldsymbol{r}_i$ 和 $\boldsymbol{R}_\delta$ 分别表示第 i 个电子和第 δ 个原子实（原子核）的坐标；N_α 为研究体系中电子的个数；N_β 表示研究体系原子实（原子核）的个数。

式（2-2）中的 $\sum_{\alpha=1}^{N\alpha}\frac{P_\alpha^2}{2m}$ 项代表系统中电子的动能；$\sum_{\beta=1}^{N_\beta}\frac{P_\beta^2}{2M}$ 项代表研究体系中原子实(原子核) 的动能；$\frac{1}{8\pi\varepsilon_0}\sum_{i\neq j}\frac{e^2}{|\boldsymbol{r}_i-\boldsymbol{r}_j|}$ 项代表系统中电子和电子之间的作用势能；$\frac{1}{8\pi\varepsilon_0}\sum_{\delta\neq\gamma}\frac{Z_\delta Z_\gamma e^2}{|\boldsymbol{R}_\delta-\boldsymbol{R}_\gamma|}$ 项代表系统中原子实与原子实之间的作用势能；$\frac{1}{4\pi\varepsilon_0}\sum_{i,\delta}\frac{Z_\delta e^2}{|\boldsymbol{r}_i-\boldsymbol{R}_\delta|}$ 项表示电子与原子实的交叉作用势能。

从理论上来说，可以求出式（2-2）的 Schrödinger 方程的严格数学解。实际上，对于多于一个粒子的体系，很难求出对应 Schrödinger 方程的严格解，电子数最少的单氢原子系统的 Schrödinger 方程能严格求解。所以为了能够比较准确地求解，处理过程中需要忽略一些次要因素，对实际体系进行简化。电子的质量实际上远小于原子实的质量，在研究电子的运动规律时认为原子核是静止不动的。Born-Oppenheimer 绝热近似[1] 下仍然不能精确求解多粒子间相互作用下的 Schrödinger 方程。Hartree-Fork[2-3] 自洽场近似和单电子近似等提供了一种进一步简化问题的途径和方法。采用 Hartree-Fork 自洽场近似的计算工作量大。在密度泛函框架下，利用第一性原理计算采用迭代极小法优化周期性结构模型，能够有效地求解多电子系统的波函数。

（1）Born-Oppenheimer 绝热近似。原子由原子核和电子组成，如果不考虑外加势场，则哈密顿量既包含了原子核也包含了电子的，以及它们之间的相互作用：

$$\widehat{H}=\widehat{H}_e+\widehat{H}_N+\widehat{H}_{e\text{-}N}\tag{2-3}$$

则电子的哈密顿算符为：

$$\widehat{H}_e(r)=\widehat{T}_e(r)+\widehat{V}_e(r)\tag{2-4}$$

式中，$\widehat{T}_e(r) = -\sum_i \frac{\hbar^2}{2m}\nabla_r^2$ 是电子的动能项；$\widehat{V}_e(r) = \frac{1}{2}\sum_{i,\ j} \frac{e^2}{\boldsymbol{r}_i - \boldsymbol{r}_j}$ 是电子与电子之间的相互作用势能。

原子核的哈密段算符可表示为：

$$\widehat{H}_N(R) = \widehat{T}_N(R) + \widehat{V}_N(R) \tag{2-5}$$

式中，$\widehat{T}_N(R) = -\sum_J \frac{\hbar^2}{2M_J}\nabla_{\boldsymbol{R}}^2$ 为原子核的动能；$\widehat{V}_N(R) = \frac{1}{2}\sum_{I,\ J} \widehat{V}_N(\boldsymbol{R}_I - \boldsymbol{R}_J)$ 为势能，表示原子核与原子核之间的相互作用。

原子核与电子之间的相互作用哈密顿算符为：

$$\widehat{H}_{e\text{-}N}(\boldsymbol{r} - \boldsymbol{R}) = \frac{1}{2}\sum_{i,\ J} \widehat{V}_{e-N}(\boldsymbol{r}_i - \boldsymbol{R}_J) = \frac{1}{2}\sum_{i,\ J} \frac{Z_J e^2}{|\boldsymbol{r}_i - \boldsymbol{R}_J|} \tag{2-6}$$

实际在求解上述原子核和电子的薛定谔方程时，计算量是非常大的，对复杂的体系甚至无法求解。原子核的质量远大于电子的质量，且电子的运动速度比原子核的速度大得多，所以认为原子核是处于定态，不考虑电子随原子核在空间的分布变化，认为原子核与电子互不影响，所以可把原子核与电子的运动分开单独处理（即 Born-Oppenheimer 近似[4]）。由此可得到原子核与电子分别满足的薛定谔方程：

$$\left(-\sum_i \frac{\hbar^2}{2m}\nabla_r^2 + \frac{1}{2}\sum_{i,\ j} \frac{e^2}{|\boldsymbol{r}_i - \boldsymbol{r}_j|} - \frac{1}{2}\sum_{i,\ J} \frac{Z_J e^2}{|\boldsymbol{r}_i - \boldsymbol{R}_J|} + \frac{1}{2}\sum_{I,\ J} \frac{Z_I Z_J e^2}{|\boldsymbol{R}_I - \boldsymbol{R}_J|}\right) \psi_e(\boldsymbol{r},\ \boldsymbol{R}) = E(\boldsymbol{R})\psi_e(\boldsymbol{r},\ \boldsymbol{R}) \tag{2-7}$$

$$-\sum_J \frac{\hbar^2}{2M_J}\nabla_{\boldsymbol{R}}^2 + E_e(\boldsymbol{R})\psi_e(\boldsymbol{R}) = E(\boldsymbol{R})\psi_e(\boldsymbol{R}) \tag{2-8}$$

式中，$E(\boldsymbol{R})$ 为原子核关于坐标的函数。

带正电的原子核与带负电的电子之间存在库仑相互作用，电子随着原子核的运动而一起发生运动，故在电子的哈密顿算符中考虑了原子核与电子之间的相互作用。对薛定谔方程近似求解可得系统的总能量。

（2）Hartree-Fork 近似。采用 Hartree-Fork 近似主要是为了简化多电子系统的薛定谔方程求解。根据 Born-Oppenheimer 近似可以根据薛定谔方程得到电子与原子核的哈密顿量。固定系统中的原子核可以看作固定不变的，那么波函数就可以看作常数。薛定谔方程可变为：

$$\left(-\sum_i \frac{\hbar^2}{2m}\nabla_r^2 + \frac{1}{2}\sum_{i,\ j} \frac{e^2}{|\boldsymbol{r}_i - \boldsymbol{r}_j|} - \frac{1}{2}\sum_{i,\ J} \frac{Z_J e^2}{|\boldsymbol{r}_i - \boldsymbol{R}_J|}\right)\psi_e(\boldsymbol{r},\ \boldsymbol{R}) = E(\boldsymbol{R})\psi_e(\boldsymbol{r},\ \boldsymbol{R}) \tag{2-9}$$

式（2-9）考虑了系统中电子与电子之间的相互作用，这样就很难对薛定谔方程进行严格求解。如果认为电子是相互独立的，它们之间不存在相互作用，这样就可简化成单电子模型进行求解（Hartree 近似）。由 N 个电子组成的体系，其波函数可表示为：

$$\psi(\boldsymbol{r})=\psi_1(\boldsymbol{r}_1)\psi_2(\boldsymbol{r}_2)\cdots\psi_N(\boldsymbol{r}_N)$$

则多电子的薛定谔方程可以简化为单电子的薛定谔方程：

$$\widehat{H}_i\psi_i(\boldsymbol{r}_i)=E_i\psi_i(\boldsymbol{r}_i)$$

Hartree 近似下的薛定谔方程为：

$$\left(-\nabla^2+V(\boldsymbol{r})+\sum_{i\neq j}\int\frac{|\psi_i(\boldsymbol{r}')|^2}{|\boldsymbol{r}-\boldsymbol{r}'|}\mathrm{d}\boldsymbol{r}'\right)\psi_i(\boldsymbol{r})=E_i\psi_i(\boldsymbol{r}) \tag{2-10}$$

上式没有考虑电子间的相互关联。Fock 采用单电子的 Slater 行列式表示多电子体系的波函数，即：

$$\psi=\frac{1}{\sqrt{N!}}\begin{vmatrix}\psi_1(r_1,\ s_1) & \psi_2(r_1,\ s_1) & \cdots & \psi_N(r_1,\ s_1)\\ \psi_1(r_2,\ s_2) & \psi_2(r_2,\ s_2) & \cdots & \psi_N(r_2,\ s_2)\\ \vdots & \vdots & \vdots & \vdots\\ \psi_1(r_N,\ s_N) & \psi_2(r_N,\ s_N) & \cdots & \psi_N(r_N,\ s_N)\end{vmatrix} \tag{2-11}$$

行列式中 $\psi_i(r_i,\ s_i)(i=1,\ 2,\ \cdots,\ N)$ 是第 N 个电子的归一化波函数。所以 Hartree-Fork 近似下薛定谔方程为[5]：

$$\left(-\nabla^2+V(\boldsymbol{r})+\sum_{i\neq j}\int\frac{|\psi_i(\boldsymbol{r}')|^2}{|\boldsymbol{r}-\boldsymbol{r}'|}\mathrm{d}\boldsymbol{r}'-\sum_{i\neq j}\int\frac{\psi_i^*(\boldsymbol{r}')\psi_i(\boldsymbol{r}')}{|\boldsymbol{r}-\boldsymbol{r}'|}\mathrm{d}\boldsymbol{r}'\right)\psi_i(\boldsymbol{r})=E_i\psi_i(\boldsymbol{r}) \tag{2-12}$$

式（2-12）考虑了电子间的交换关联作用。

2.2 密度泛函理论

密度泛函理论（DFT，Density Functional Theory）[6-10] 能够较好地处理研究体系中电子结构问题。DFT 的主要思路是考虑体系的总能量和电子密度的关系；Thomas-Fermi 模型假设电子之间及电子与其他粒子的相互作用忽略不计，大大地简化体系的薛定谔方程，即：

$$\widehat{H}\psi(\boldsymbol{r})=-\frac{1}{2m}\nabla^2\psi(\boldsymbol{r}) \tag{2-13}$$

每个电子的平均动能为：

$$T=\frac{3}{5}E_{\mathrm{F}}=\frac{3\hbar^2k_{\mathrm{F}}^2}{10m}=\frac{3}{5}[3\pi^2n(r)]^{\frac{1}{3}} \tag{2-14}$$

系统的总能量为：

$$E_{\mathrm{TF}}=\int n(\boldsymbol{r})\varepsilon_k[n(\boldsymbol{r})](\boldsymbol{r})\,\mathrm{d}^3\boldsymbol{r}+\frac{1}{2}\int\frac{n(\boldsymbol{r})n(\boldsymbol{r}')}{|\boldsymbol{r}_i-\boldsymbol{r}_j|}\mathrm{d}^3\boldsymbol{r}\mathrm{d}^3\boldsymbol{r}'+\int n(\boldsymbol{r})V_{\mathrm{ext}}(\boldsymbol{r})\,\mathrm{d}^3\boldsymbol{r}$$

$$\approx C_k\int n^{\frac{5}{3}}(\boldsymbol{r})\mathrm{d}^3\boldsymbol{r} + \frac{1}{2}\iint\frac{n(\boldsymbol{r})n(\boldsymbol{r}')}{|\boldsymbol{r}_i - \boldsymbol{r}_j|}\mathrm{d}^3\boldsymbol{r}\mathrm{d}^3\boldsymbol{r}' + \int n(\boldsymbol{r})V_{\mathrm{ext}}(\boldsymbol{r})\mathrm{d}^3\boldsymbol{r} \tag{2-15}$$

式中，C_k 的数值为 $3/10m(3\pi)^{\frac{2}{3}}$；$V_{\mathrm{ext}}(\boldsymbol{r})$ 是外势场函数；$n(\boldsymbol{r})$ 是电荷密度。

此近似没有考虑电子的交换能量，所以还是一种粗糙的近似。系统的电子密度决定系统的基态能量和一些其他的性质，后来，Dirac、Hohhengerg、Kohn、Slater 和 Sham 等人对近似模型进行了改进。DFT 主要通过电子密度函数描述相互作用的费米子系统，能够描述导体、半导体能材料的基态性质。

2.2.1 Hohenberg-Kohn 定理

Hohenberg-Kohn（H-K）定理[10] 产生之后 DFT 才算成熟。H-K 定理共有两个。

H-K 第一定理，体系的 $n(\boldsymbol{r})$ 可以唯一确定外势场 $V_{\mathrm{ext}}(\boldsymbol{r})$。如果两个研究体系的 $n(\boldsymbol{r})$ 相同，则其外势场满足关系式：

$$V_{\mathrm{ext}}^1(\boldsymbol{r}) = V_{\mathrm{ext}}^2(\boldsymbol{r}) + C$$

式中，C 为常数，一个多电子体系就可以用 $n(\boldsymbol{r})$ 进行描述。

H-K 第一定理可以用反证法来证明，假设两个多电子体系的外势场差：$V_{\mathrm{ext}}^1(\boldsymbol{r}_1) - V_{\mathrm{ext}}^2(\boldsymbol{r}_2)$ 不是一个常数，两个体系的 $\widehat{H}_1$ 和 $\widehat{H}_2$ 对应的体系波函数分别为 ψ_1 和 ψ_2，对应的基态电荷密度分别为 $n_1(\boldsymbol{r})$ 和 $n_2(\boldsymbol{r})$，则有：

$$\begin{aligned}E_1 &= \langle\psi_1|\hat{H}_1|\psi_1\rangle < \langle\psi_2|\hat{H}_1|\psi_2\rangle \\ &= \langle\psi_2|\hat{H}_2 + V_{\mathrm{ext}}^1(\boldsymbol{r}_1) - V_{\mathrm{ext}}^2(\boldsymbol{r}_2)|\psi_2\rangle \\ &= \langle\psi_2|\hat{H}_2|\psi_2\rangle + \langle\psi_2|V_{\mathrm{ext}}^1(\boldsymbol{r}_1) - V_{\mathrm{ext}}^2(\boldsymbol{r}_2)|\psi_2\rangle\end{aligned} \tag{2-16}$$

也就是，

$$E_1 < E_2 + \int[V_{\mathrm{ext}}^1(\boldsymbol{r}_1) - V_{\mathrm{ext}}^2(\boldsymbol{r}_2)]n(\boldsymbol{r})\mathrm{d}\boldsymbol{r} \tag{2-17}$$

同理有：

$$\begin{aligned}E_2 &= \langle\psi_2|\hat{H}_2|\psi_2\rangle < \langle\psi_2|\hat{H}_1|\psi_2\rangle \\ &= E_1 + \int[V_{\mathrm{ext}}^2(\boldsymbol{r}_2) - V_{\mathrm{ext}}^1(\boldsymbol{r}_1)]n(\boldsymbol{r})\mathrm{d}\boldsymbol{r}\end{aligned} \tag{2-18}$$

把上面两个不等式左右两边分别相加有：

$$E_1 + E_2 < E_2 + E_1 \tag{2-19}$$

这个结果是不可能成立的，若 $V_{\mathrm{ext}}^1(\boldsymbol{r}_1) - V_{\mathrm{ext}}^2(\boldsymbol{r}_2)$ 差值不是恒量，则 $n_1(\boldsymbol{r}) \neq n_2(\boldsymbol{r})$。就此可以认为 $n(\boldsymbol{r})$ 确定之后，$V_{\mathrm{ext}}(\boldsymbol{r})$ 也能够确定，体系的 $\hat{H}$ 随着 $V_{\mathrm{ext}}(\boldsymbol{r})$ 而确定，体系的其他性质也都能够随之确定。第一定理只适用处于基态的多体系系统，对处于激发态的系统不适用。

H-K 第二定理，对于任意体系的电荷密度 $n'(\boldsymbol{r})$，如果体系的电荷密度不小于零，则 $E[n'(\boldsymbol{r})] \geqslant E_0$。通过不断地调整系统的电荷密度 $n'(\boldsymbol{r})$，使体系的能量达到最小，$E_{\min}[n'(\boldsymbol{r})] = E_0$，能量最小时的电荷密度就是体系的基态电荷密度 $n_0(\boldsymbol{r})$。第二定理的证明过程如下：

体系的哈密顿量 $\widehat{H}$ 为：

$$\widehat{H} = T + U + V \tag{2-20}$$

式（2-20）中动能项 T 为：

$$T = \frac{\hbar^2}{2m}\int \nabla\psi^+(\boldsymbol{r}) \cdot \nabla\psi^-(\boldsymbol{r})\mathrm{d}\boldsymbol{r} \tag{2-21}$$

式中，V 为外势场 $V_{\mathrm{ext}}(\boldsymbol{r})$ 影响下的势能，即

$$V = \int V_{\mathrm{ext}}(\boldsymbol{r})\psi^+(\boldsymbol{r})\psi^-(\boldsymbol{r})\mathrm{d}\boldsymbol{r} \tag{2-22}$$

库仑势能 U 为：

$$U = \frac{1}{2}\iint \frac{1}{|\boldsymbol{r}-\boldsymbol{r}'|}\psi^+(\boldsymbol{r})\psi^-(\boldsymbol{r})\psi^+(\boldsymbol{r}')\psi^-(\boldsymbol{r}')\mathrm{d}\boldsymbol{r}\mathrm{d}\boldsymbol{r}' \tag{2-23}$$

式中，$\psi^+(\boldsymbol{r})$ 为产生算符；$\psi^-(\boldsymbol{r})$ 为湮灭算符。若基态波函数为 φ，则电荷密度 $n(\boldsymbol{r})$ 定义为

$$n(\boldsymbol{r}) = \langle\phi|\psi^+(\boldsymbol{r})\psi^-(\boldsymbol{r})|\phi\rangle \tag{2-24}$$

当 $V_{\mathrm{ext}}(\boldsymbol{r})$ 确定时，能量泛函可以表示为：

$$E[n(\boldsymbol{r})] = \langle\phi|T+U|\phi\rangle + \int V_{\mathrm{ext}}(\boldsymbol{r})\, n(\boldsymbol{r})\mathrm{d}\boldsymbol{r} \tag{2-25}$$

从体系的能量泛函中分离出与无相互作用粒子相当的项

$$E[n(\boldsymbol{r})] = T[n(\boldsymbol{r})] + \frac{e^2}{8\pi\varepsilon_0}\int\frac{n(\boldsymbol{r})n(\boldsymbol{r}')}{|\boldsymbol{r}-\boldsymbol{r}'|}\mathrm{d}\boldsymbol{r}\mathrm{d}\boldsymbol{r}' + E_{\mathrm{XC}}[n(\boldsymbol{r})] \tag{2-26}$$

式中，$T[n(\boldsymbol{r})]$ 为体系的动能部分；$\frac{e^2}{8\pi\varepsilon_0}\int\frac{n(\boldsymbol{r})n(\boldsymbol{r}')}{|\boldsymbol{r}-\boldsymbol{r}'|}\mathrm{d}\boldsymbol{r}\mathrm{d}\boldsymbol{r}'$ 为体系的库仑排斥部分；$E_{\mathrm{XC}}[n(\boldsymbol{r})]$ 为体系的能量交换关联部分。

当外势场 $V_{\mathrm{ext}}(\boldsymbol{r})$ 给定时，虽然使用最小化可以计算出体系的基态能量和基态密度，但是要想确定体系的 $n(\boldsymbol{r})$、$T[n(\boldsymbol{r})]$ 和 $E_{\mathrm{XC}}[n(\boldsymbol{r})]$ 还是非常困难的。

2.2.2 Kohn-Sham 方程

对于精确求解复杂体系的 Schrödinger 方程的波函数是非常困难的。Kohn-Sham（K-S）方程[7-8]能够降低求解非均匀电子气基态波函数的难度。降低了求解 Schrödinger 方程的难度，求解时仅考虑外势场的影响，忽略其他的相互作用。

能量泛函 $E[n(\boldsymbol{r})]$ 是 $n(\boldsymbol{r})$ 的函数，对 $n(\boldsymbol{r})$ 求变分能够得到体系的 E_0 和基态电子波函数。

$$\int\delta n(\boldsymbol{r})\left\{\frac{\delta T[n(\boldsymbol{r})]}{\delta n(\boldsymbol{r})}+V_{\mathrm{ext}}(\boldsymbol{r})+\frac{e^2}{4\pi\varepsilon_0}\int\frac{n(\boldsymbol{r})}{|\boldsymbol{r}-\boldsymbol{r}'|}\mathrm{d}\boldsymbol{r}+\frac{\delta E_{\mathrm{XC}}[n(\boldsymbol{r})]}{\delta n(\boldsymbol{r})}\right\}\mathrm{d}\boldsymbol{r}=0 \tag{2-27}$$

如果系统的粒子数不变，则关于密度变分的积分 $\int\delta n(\boldsymbol{r})\mathrm{d}\boldsymbol{r}=0$，所以公式（2-27）变为：

$$\frac{\delta T[n(\boldsymbol{r})]}{\delta n(\boldsymbol{r})}+V_{\mathrm{ext}}(\boldsymbol{r})+\frac{e^2}{4\pi\varepsilon_0}\int\frac{n(\boldsymbol{r})}{|\boldsymbol{r}-\boldsymbol{r}'|}\mathrm{d}\boldsymbol{r}+\frac{\delta E_{\mathrm{XC}}[n(\boldsymbol{r})]}{\delta n(\boldsymbol{r})}=\mu \tag{2-28}$$

式中，μ 是拉格朗日乘子，它具有化学势的含义。上式对应的等效势场为：

$$V(\boldsymbol{r})=V_{\mathrm{ext}}(\boldsymbol{r})+\frac{e^2}{4\pi\varepsilon_0}\int\frac{n(\boldsymbol{r})}{|\boldsymbol{r}-\boldsymbol{r}'|}\mathrm{d}\boldsymbol{r}+\frac{\delta E_{\mathrm{XC}}[n(\boldsymbol{r})]}{\delta n(\boldsymbol{r})} \tag{2-29}$$

Kohn 和 Sham 指出无相互作用的 $T_{\mathrm{S}}[n(\boldsymbol{r})]$ 和有相互作用粒子的 $T[n(\boldsymbol{r})]$ 对应同一个密度泛函，$T_{\mathrm{S}}[n(\boldsymbol{r})]$ 和 $T[n(\boldsymbol{r})]$ 的差别用 $E_{\mathrm{XC}}[n(\boldsymbol{r})]$ 表示。密度函数用 N 个粒子的波函数表示：

$$n(\boldsymbol{r})=\sum_{i=1}^{N}|\phi_i(\boldsymbol{r})|^2 \tag{2-30}$$

此时无相互作用的动能项表示为：

$$T_{\mathrm{S}}[n(\boldsymbol{r})]=\frac{\hbar^2}{2m}\sum_{i=1}^{N}\int\phi_i^*(\boldsymbol{r})(-\nabla^2)\phi_i(\boldsymbol{r})\mathrm{d}\boldsymbol{r} \tag{2-31}$$

如果用波函数 $\phi_i(\boldsymbol{r})$ 的偏微分来代替对 $n(\boldsymbol{r})$ 的偏微分，拉格朗日乘子 μ 用与波函数 $\phi_i(\boldsymbol{r})$ 对应的能量 E_i 来代替，那么单电子的 Schrödinger 方程可以变为：

$$\left[\frac{\hbar^2}{2m}\nabla^2+V_{\mathrm{KS}}(\boldsymbol{r})\right]\phi_i(\boldsymbol{r})=E_i\phi_i(\boldsymbol{r}) \tag{2-32}$$

式（2-32）中：

$$V_{\mathrm{KS}}(\boldsymbol{r})=V_{\mathrm{ext}}(\boldsymbol{r})+\frac{e^2}{4\pi\varepsilon_0}\int\frac{n(\boldsymbol{r})}{|\boldsymbol{r}-\boldsymbol{r}'|}\mathrm{d}\boldsymbol{r}+\frac{\delta E_{\mathrm{XC}}[n(\boldsymbol{r})]}{\delta n(\boldsymbol{r})} \tag{2-33}$$

根据式（2-30）、式（2-32）和式（2-33），自洽求解，可以得到多粒子系统的最佳的密度函数和能量，体系的基态能量是基态密度的函数，关联交换函数定义为：

$$V_{\mathrm{XC}}[n(\boldsymbol{r})]=\frac{\delta E_{\mathrm{XC}}[n(\boldsymbol{r})]}{\delta n(\boldsymbol{r})} \tag{2-34}$$

要想精确求解 K-S 方程，要保证 V_{XC} 和 $n(\boldsymbol{r})$ 的结果准确；再由 K-S 方程求 $n(\boldsymbol{r})$。处理这一问题时，一般用迭代算法来处理，步骤如下：

（1）首先定义一个初始的、粗糙的电荷密度 $n(\boldsymbol{r})$；

(2) 由第一步构造的 $n(\boldsymbol{r})$ 确定 K-S 方程，求出波函数 $\phi_i(\boldsymbol{r})$；

(3) 根据 $\phi_i(\boldsymbol{r})$，求解第二步确定的 K-S 方程对应的电荷密度 $n_{\mathrm{KS}}(\boldsymbol{r}) = 2\sum_{i=1}^{N}\phi_i^*(\boldsymbol{r})\phi_i(\boldsymbol{r})$；

(4) 比较得到的电荷密度 $n_{\mathrm{KS}}(\boldsymbol{r})$ 与初始的电荷密度 $n(\boldsymbol{r})$，如果两者相同，则 $n_{\mathrm{KS}}(\boldsymbol{r})$ 就是 $n_0(\boldsymbol{r})$，再求出 E_0；否则重新构造 $n(\boldsymbol{r})$，重复上述步骤，直到得到正确的电荷密度。实际中 $E_{\mathrm{XC}}[n(\boldsymbol{r})]$ 的形式很难严格求解，只能做近似计算，密度泛函理论结果的计算精度由 $E_{\mathrm{XC}}[n(\boldsymbol{r})]$ 决定。因此为了得到足够高的精度，又必须找到适用性广泛的 $E_{\mathrm{XC}}[n(\boldsymbol{r})]$ 交换关联能量泛函。

2.2.3 交换关联泛函

只有知道 $E_{\mathrm{XC}}[\phi_i(\boldsymbol{r})]$，才能对 K-S 方程精确求解。Hohenberg-Kohn 定理给出了多粒子系统的基态能量泛函。

$$E[n(\boldsymbol{r})] = F[n(\boldsymbol{r})] + \int V_{\mathrm{ext}} n(\boldsymbol{r})\mathrm{d}\boldsymbol{r} \tag{2-35}$$

交换能量泛函 $E_{\mathrm{XC}}[n(\boldsymbol{r})]$ 可以表示成两项之和，即

$$E_{\mathrm{XC}}[n(\boldsymbol{r})] = E_{\mathrm{C}}[n(\boldsymbol{r})] + E_{\mathrm{X}}[n(\boldsymbol{r})] \tag{2-36}$$

式中，$E_{\mathrm{X}}[n(\boldsymbol{r})]$ 为交换项能量泛函；$E_{\mathrm{C}}[n(\boldsymbol{r})]$ 为关联项能量泛函。

$E_{\mathrm{XC}}[n(\boldsymbol{r})]$ 求解可以等效成局域电荷密度和交换关联密度 $\varepsilon_{\mathrm{XC}}[n(\boldsymbol{r})]$ 的加权求和。

$$E_{\mathrm{XC}}[n(\boldsymbol{r})] = \int \varepsilon_{\mathrm{XC}}[n(\boldsymbol{r}), \boldsymbol{r}]\, n(\boldsymbol{r})\mathrm{d}\boldsymbol{r} \tag{2-37}$$

式中，$\boldsymbol{r}$ 表示离散的点；$n(\boldsymbol{r})$ 是权重；$\varepsilon_{\mathrm{XC}}[n(\boldsymbol{r})]$ 又可以表示成交换能量密度 $\varepsilon_{\mathrm{X}}[n(\boldsymbol{r})]$ 和关联能量密度 $\varepsilon_{\mathrm{C}}[n(\boldsymbol{r})]$ 两项。

在局域近似理论（LDA）框架下，K-S 方程中的关联势为：

$$\begin{aligned} V_{\mathrm{XC}}[n(\boldsymbol{r})] &= \frac{\delta E[n(\boldsymbol{r})]}{\delta n(\boldsymbol{r})} \approx \frac{\mathrm{d}}{\mathrm{d}n(\boldsymbol{r})}\{n(\boldsymbol{r})\varepsilon_{\mathrm{XC}}[n(\boldsymbol{r})]\} \\ &= \varepsilon_{\mathrm{XC}}[n(\boldsymbol{r}) + n(\boldsymbol{r})]\frac{\mathrm{d}\varepsilon_{\mathrm{XC}}[n(\boldsymbol{r})]}{\mathrm{d}n(\boldsymbol{r})} \end{aligned} \tag{2-38}$$

则 $\varepsilon_{\mathrm{XC}}$ 和 V_{XC} 的表达式：

$$\varepsilon_{\mathrm{XC}}[n(\boldsymbol{r})] \approx \frac{3e^2}{2\pi}[3\pi^2 n(\boldsymbol{r})]^{\frac{1}{3}} n(\boldsymbol{r}) \tag{2-39}$$

$$V_{\mathrm{XC}}[n(\boldsymbol{r})] \approx -2e^2\left(\frac{3}{\pi}\right)^{\frac{1}{3}}[n(\boldsymbol{r})]^{\frac{1}{3}} \tag{2-40}$$

除了上面的 Kohn-Sham 表达式外，还有 Barth-Hedin[11] 和 Gunnansson-Lundqvist[12] 表达式，不同表达式最后的计算结果比较接近。

如果体系的电子密度变化非常缓慢，那么局域密度近似就能对体系做到很好的近似，交换关联能项和动能项可以写成密度梯度的函数表达式，二阶以上的展开项可以忽略。如果体系的电子密度变化不够缓慢或者说在不均匀的体系中使用LDA近似，则LDA近似下计算的结果就会出现较大误差，这种情况下不再适合利用LDA理论进行近似处理了。

LDA在第一性原理中的应用取得了很大的成功，与能带理论一起能够对半导体和金属材料的基态性质给出与实验比较吻合的结果，能够比较准确地预测体系的电子结构。但是，该方法自身也存在一些不足，甚至有的时候LDA会给出错误的结果[9]。随着LDA近似理论的进一步修改和完善产生了新的近似理论——广义梯度近似（Generalized Gradient Approximation）[7]理论。

GGA理论也考虑了参考点附近的 $n(\boldsymbol{r})$ 对 $E_{XC}[n(\boldsymbol{r})]$ 的影响。假设 $n(\boldsymbol{r})$ 在原点可展开为：

$$n(\boldsymbol{r}) = n(0) + n_i\boldsymbol{r}_i + \frac{1}{2}\sum n_{ij}\boldsymbol{r}_{ij} + \cdots \tag{2-41}$$

则 E_{XC} 可以表示成 $n(\boldsymbol{r})$ 及其梯度的函数：

$$E_{XC}[n(\boldsymbol{r})] = \int \varepsilon_{XC}[n(\boldsymbol{r})]\, n(\boldsymbol{r})\mathrm{d}\boldsymbol{r} + E_{XC}^{GGA}([n(\boldsymbol{r})],\ |\nabla n(\boldsymbol{r})|) \tag{2-42}$$

式（2-42）中的第二项是广义梯度近似下的交换关联能，即

$$\begin{aligned} E_{XC}^{GGA}[n(\boldsymbol{r})] &= \int f\,[n(\boldsymbol{r}),\ \nabla n(\boldsymbol{r})]\mathrm{d}\boldsymbol{r} \\ &= \int n(\boldsymbol{r})\varepsilon_{XC}[n(\boldsymbol{r})]\mathrm{d}\boldsymbol{r} + \int F_{XC}[n(\boldsymbol{r}),\ \nabla n(\boldsymbol{r})]\mathrm{d}\boldsymbol{r} \end{aligned} \tag{2-43}$$

GGA给出的能量和结构信息比LDA更加准确可靠。在GGA框架内，目前已经出现许多的交换关联函数表达式，用到的有Becke[13]、GGA-PW91[14-16]和GGA-PBE（Perdew-Wang-Ernzerhof）[17]。GGA能够更好地描述轻原子、分子的基态性质；对3d过渡态元素的描述也更加准确。针对GGA存在的一些不足，研究者又提出了一些新的理论，比如：杂化泛函[18-19]、LDA+U[20]、含时泛函理论和准粒子近似（GW）[21]等近似方法。GGA给出的结果也有可能没有LDA的结果准确。

2.3 赝势和投影缀加波方法

在进行第一性原理计算时，势函数是必不可少的，势函数的选择决定着计算结果的准确性，超软赝势[22]和投影缀加平面波是常用到的势函数。超软赝势函数更加平滑，用较小的平面波基组就能够得到比较精确的结果，这样可以大大地提高理论计算的效率。真实势场中的Schrödinger方程为：

$$[T + V(\boldsymbol{r})]\phi_i^{\mathrm{AE}}(\boldsymbol{r}) = \varepsilon\phi_i^{\mathrm{AE}}(\boldsymbol{r}) \tag{2-44}$$

式中，下角 $i = \{\varepsilon_i, l, m\}$；$\phi_i^{\mathrm{AE}}(\boldsymbol{r})$ 表示全电子波函数。

连续赝势二阶以上的导数在截断半径（R_c）处是连续的，即

$$\phi_{l\varepsilon}^{\mathrm{ps}}(r)^{(n)}\big|_{r=R_c} = \phi_{l\varepsilon}^{\mathrm{AE}}(r)^{(n)}\big|_{r=R_c} \tag{2-45}$$

式中，$n = 0, 1, 2, \cdots$，$\phi_{l\varepsilon}^{\mathrm{ps}}$ 是赝势波函数；$\phi_{l\varepsilon}^{\mathrm{AE}}$ 是全电子波函数。

小于 R_c 时，$\phi_{l\varepsilon}^{\mathrm{ps}}$ 和 $\phi_{l\varepsilon}^{\mathrm{AE}}$ 给出的电子是一样多的，即

$$\int_0^{R_c}\phi_{l\varepsilon}^{\mathrm{ps}}(r)^2\mathrm{d}r = \int_0^{R_c}\phi_{l\varepsilon}^{\mathrm{AE}}(r)^2\mathrm{d}r \tag{2-46}$$

赝势由局域势和非局域势两部分组成，即

$$V = V_{\mathrm{loc}} + V_{nl} \tag{2-47}$$

其中 V_{nl} 为：

$$V_{nl} = \sum_i \frac{|\chi_i\rangle\langle\chi_i|}{\langle\chi_i|\phi_i^{\mathrm{ps}}\rangle} \tag{2-48}$$

其中 $|\chi_i\rangle$ 为：

$$|\chi_i\rangle = (\varepsilon - T - V_{\mathrm{loc}})|\phi_i^{\mathrm{ps}}\rangle \tag{2-49}$$

如果 V_{loc} 合适，则可以避免“影子态”，降低 V_{nl} 对赝势的影响。

$$E_l^{\mathrm{Strength}} = \frac{\langle\chi_i|\chi_i\rangle}{\langle\chi_i|\phi_i^{\mathrm{ps}}\rangle} \tag{2-50}$$

Vanderbilt[22-25] 和 Blöchl[26] 将赝势延伸到多于一个的本征能量不相等的情况。这时广义的电荷守恒条件为：

$$Q_{ij} = \langle\phi_i^{\mathrm{AE}}|\phi_j^{\mathrm{AE}}\rangle_{R_c} - \langle\phi_i^{\mathrm{ps}}|\phi_j^{\mathrm{ps}}\rangle_{R_c} = 0 \tag{2-51}$$

则 ϕ_i^{ps} 与其共轭复函数 β_i 的点积为：

$$\langle\beta_i|\phi_j^{\mathrm{ps}}\rangle = \delta_{ij} \tag{2-52}$$

其中 β_i 为：

$$|\beta_i\rangle = \sum_j (B^{-1})_{ij}|\chi_j\rangle \tag{2-53}$$

$$B_{ij} = \langle\phi_j^{\mathrm{ps}}|\chi_i\rangle \tag{2-54}$$

则赝势中的 V_{nl} 变为：

$$V_{nl} = \sum_{i,j} B_{ij}|\beta_j\rangle\langle\beta_i| \tag{2-55}$$

Vanderbilt 放弃了守恒条件，通过广义的本征值构造了超软的 V_{nl}，那么非局域赝势 V_{nl} 就不再是厄米的了，需要 75~100 个平面波函数就可以求解本征值。Vanderbilt 定义非局域叠加算符为：

$$\hat{S} = \hat{1} + \sum_{i,j} Q_{ij} |\beta_j\rangle\langle\beta_i| \tag{2-56}$$

其中

$$Q_{ij} = \phi_i^* \phi_j - \tilde{\phi}_i^* \tilde{\phi}_j \tag{2-57}$$

一个新的非局域势算符可以写成:

$$\hat{V}_{nl} = \sum_{i,j} D_{ij} |\beta_j\rangle\langle\beta_i| \tag{2-58}$$

其中:

$$D_{ij} = B_{ij} + \varepsilon_j Q_{ij} \tag{2-59}$$

式 (2-59) 中 B_{ij} 定义是公式 (2-44), Q_{ij} 的定义是公式 (2-47), Q_{ij} 不再满足等于零的条件。可以得到:

$$\langle\phi_i^{ps}|\hat{S}|\phi_j^{ps}\rangle_{R_c} = \langle\phi_i^{AE}|\phi_j^{AE}\rangle_{R_c} \tag{2-60}$$

则广义能量本征值方程为:

$$\left(-\frac{\hbar^2}{2m}\nabla^2 + V_{loc} + \hat{V}_{nl} + \varepsilon\hat{S}\right)|\phi\rangle = 0 \tag{2-61}$$

可以证明 $\hat{Q}$ 和 $\hat{D}$ 是厄米的,从而可以验证 $\hat{H}$ 和 $\hat{S}$ 算符都是厄米算符,所以最后求解得到的本征值都是实数。

采用超软赝势虽然可以摆脱电荷守恒的束缚,但当 r 取更大值时会出现电荷损失。为了弥补自洽计算中的电荷损失, Vanderbilt 对 $n(\boldsymbol{r})$ 进行了新的界定:

$$n(\boldsymbol{r}) = \sum_{n,k} \tilde{\phi}_{nk}^*(\boldsymbol{r})\tilde{\phi}_{nk}(\boldsymbol{r}) + \sum_{i,j}\rho_{ij}Q_{ij}(\boldsymbol{r}) \tag{2-62}$$

其中:

$$\rho_{ij} = \sum_{n,k}\langle\beta_i|\tilde{\phi}_{nk}\rangle\langle\tilde{\phi}_{nk}|\beta_j\rangle \tag{2-63}$$

电荷密度 $n(\boldsymbol{r})$ 可以由遵守电荷守恒的赝势波函数得到。在求解 $Q_{ij}(\boldsymbol{r})$ 时,全电子波函数 ϕ^{AE} 用赝势波函数 ϕ^{ps} 来代替。这样处理后,用超软赝势计算得到的体系性质与采用电荷守恒赝势计算得到的结果几乎完全相同,所以超软赝势在计算中也得到了较为广泛的应用[23-24]。但是在计算过渡金属时,构造超软赝势比较复杂和困难。为此, Blöchl 提出了 Projector Augment Wave Method (PAW) 方法[27-28], PAW 方法被 Kress 进一步改进和完善,是对超软赝势方法的进一步发展。

K-S 能量泛函是:

$$E = \sum_n f_n\langle\Psi_n| - \frac{1}{2}\Delta\Psi_n\rangle + E_H[n(\boldsymbol{r}) + n_z(\boldsymbol{r})] + E_{XC}[n(\boldsymbol{r})] \tag{2-64}$$

式中, $E_H[n(\boldsymbol{r}) + n_z(\boldsymbol{r})]$ 为哈特里 (Hartree) 能; $E_{XC}[n(\boldsymbol{r})]$ 为体系的交换关联能; f_n 为轨道占据数。

ϕ^{ps} 与 ϕ^{AE} 可以通过线性关系转换。根据 Dirac 方法，每个光滑波函数 $\tilde{\Psi}_n$ 用第 m 个原子的分波波函数展开，即

$$|\tilde{\Psi}_n\rangle = \sum_i c_i |\tilde{\phi}\rangle \tag{2-65}$$

则全电子波函数为：

$$|\Psi_n\rangle = \hat{T}|\tilde{\Psi}_n\rangle = \sum_i c_i |\phi_i\rangle \tag{2-66}$$

如果转换符号 $\hat{T}$ 是线性的，那么在每个球上的投影系数为：

$$c_i = \langle \tilde{p}_i | \tilde{\phi}_n \rangle \tag{2-67}$$

如果投影算子 $\tilde{p}_i$ 满足正交条件，即：

$$\langle \tilde{p}_i | \tilde{\phi}_{i'} \rangle = \delta_{ii'} \tag{2-68}$$

那么函数 $\tilde{\Psi}$ 展开式 $\sum_i |\tilde{\phi}_i\rangle\langle \tilde{p}_i|\tilde{\phi}_{i'}\rangle$ 等于 $\tilde{\Psi}$ 自身。

所以全空间的全波函数表示为：

$$|\Psi_n\rangle = |\tilde{\Psi}_n\rangle + \sum_i (|\phi_i\rangle - |\tilde{\phi}_i\rangle)\langle \tilde{p}_i | \tilde{\Psi}_n\rangle \tag{2-69}$$

对径向 Schrödinger 方程进行求解，可以得到 $|\phi_i\rangle$。芯区以外 ϕ^{ps} 的 $|\tilde{\phi}_i\rangle$ 与 $|\phi_i\rangle$ 是等价的，芯区内连续。利用 PAW 方法由式（2-60）可得电荷密度 $n(\boldsymbol{r})$：

$$n(\boldsymbol{r}) = \tilde{n}(\boldsymbol{r}) + n^1(\boldsymbol{r}) - \tilde{n}^1(\boldsymbol{r}) \tag{2-70}$$

其中

$$\tilde{n}(\boldsymbol{r}) = \sum_n f_n \langle \tilde{\Psi}_n | \boldsymbol{r}\rangle\langle \boldsymbol{r}|\tilde{\Psi}_n\rangle \tag{2-71}$$

在径向网格上对式（2-70）中的电荷密度处理得到：

$$n^1(\boldsymbol{r}) = \sum_{(i,\ j)} \rho_{ij} \langle \phi_i | \boldsymbol{r}\rangle\langle \boldsymbol{r}|\phi_j\rangle \tag{2-72}$$

$$\tilde{n}^1(\boldsymbol{r}) = \sum_{(i,\ j)} \rho_{ij} \langle \tilde{\phi}_i | \boldsymbol{r}\rangle\langle \boldsymbol{r}|\tilde{\phi}_j\rangle \tag{2-73}$$

$\boldsymbol{\rho}_{ij}$ 为戳加轨道占据数，表达式为：

$$\boldsymbol{\rho}_{ij} = \sum_{nn'} f_n \langle \tilde{\Psi}_n | \tilde{p}_i\rangle\langle \tilde{p}_j|\tilde{\Psi}_{n'}\rangle \tag{2-74}$$

$\{\tilde{p}_i\}$ 是一个正交完全集，在戳加球内两个位电荷密度（见式（2-72）和式(2-73))是相等的。

在考虑冻芯近似的时候，引入 n_c、$\tilde{n}_c$、n_{Zc} 和 $\tilde{n}_{Zc}$ 四个参数，定义：

$$n_{Zc}(\boldsymbol{r}) = n_Z(\boldsymbol{r}) + n_c(\boldsymbol{r}) \tag{2-75}$$

式中，$n_Z(\boldsymbol{r})$ 为原子核的点电荷密度；$n_c(\boldsymbol{r})$ 为冻芯全电子波函数的电荷密度，赝势化的芯态密度 $\tilde{n}_{Zc}(\boldsymbol{r})$ 在芯区外与 $n_{Zc}(\boldsymbol{r})$ 等价，芯区内与芯态密度有相同的极矩，极矩表达式：

$$\int_{\Omega_r} n_{Zc}(\boldsymbol{r})\mathrm{d}^3 r = \int_{\Omega_r} \tilde{n}_{Zc}(\boldsymbol{r})\mathrm{d}^3 r \tag{2-76}$$

为了处理长程的静电相互作用，把总电荷分成：

$$\begin{aligned} n_T(\boldsymbol{r}) = n(\boldsymbol{r}) + \tilde{n}_{Zc}(\boldsymbol{r}) = [\tilde{n}(\boldsymbol{r}) + \hat{n}(\boldsymbol{r}) + \tilde{n}_{Zc}(\boldsymbol{r})] + \\ [n^1(\boldsymbol{r}) + n_{Zc}(\boldsymbol{r})] - [\tilde{n}^1(\boldsymbol{r}) + \hat{n}(\boldsymbol{r}) + \tilde{n}_{Zc}(\boldsymbol{r})] \end{aligned} \tag{2-77}$$

式中，$\hat{n}(\boldsymbol{r})$ 为补偿电荷密度，引入补偿电荷密度是为了得到 $n^1(\boldsymbol{r}) + n_{Zc}(\boldsymbol{r})$ 正确的多极矩。

引入下面的电荷密度：

$$\begin{aligned} n_c(\boldsymbol{r}) + n(\boldsymbol{r}) = [\tilde{n}(\boldsymbol{r}) + \hat{n}(\boldsymbol{r}) + \tilde{n}_c(\boldsymbol{r})] + \\ [n^1(\boldsymbol{r}) + n_c(\boldsymbol{r})] - [\tilde{n}^1(\boldsymbol{r}) + \hat{n}(\boldsymbol{r}) + \tilde{n}_c(\boldsymbol{r})] \end{aligned} \tag{2-78}$$

这样就可以分解交换关联能。对于正交关联能和投影算符的正交完全集，总能的表达式可以写成：

$$E = \tilde{E} + E^1 - \tilde{E}^1 \tag{2-79}$$

式（2-79）中 $\tilde{E}$ 的具体表达式是：

$$\begin{aligned} \tilde{E} = \sum_n f_n \langle \tilde{\Psi}_n(\boldsymbol{r}) | -\frac{1}{2}\Delta | \tilde{\Psi}_n(\boldsymbol{r}) \rangle + E_{xc}[\tilde{n}(\boldsymbol{r}) + \hat{n}(\boldsymbol{r}) + \tilde{n}_c(\boldsymbol{r})] + \\ E_H[\tilde{n}(\boldsymbol{r}) + \hat{n}(\boldsymbol{r})] + \int v_H[\tilde{n}_{Zc}(\boldsymbol{r})][\tilde{n}(\boldsymbol{r}) + \hat{n}(\boldsymbol{r})]\mathrm{d}\boldsymbol{r} + U(R, Z_{\mathrm{ion}}) \end{aligned} \tag{2-80}$$

式（2-79）中右边 E^1 和 $\tilde{E}^1$ 为：

$$\begin{aligned} E^1 = \sum_{i,j} \rho_{ij} \langle \phi_i(\boldsymbol{r}) | -\frac{1}{2}\Delta | \phi_j(\boldsymbol{r}) \rangle + \overline{E_{\mathrm{XC}}[n^1(\boldsymbol{r}) + n_c(\boldsymbol{r})]} + \\ \overline{E_H[n^1(\boldsymbol{r})]} + \int_{\Omega_r} v_H[n_{Zc}(\boldsymbol{r})] n^1(\boldsymbol{r})\mathrm{d}\boldsymbol{r} \end{aligned} \tag{2-81}$$

$$\begin{aligned} \tilde{E}^1 = \sum_{i,j} \rho_{ij} \langle \tilde{\phi}(\boldsymbol{r})_i | -\frac{1}{2}\Delta | \tilde{\phi}_j(\boldsymbol{r}) \rangle + \overline{E_{\mathrm{XC}}[\tilde{n}^1(\boldsymbol{r}) + \hat{n}(\boldsymbol{r}) + \tilde{n}_c(\boldsymbol{r})]} + \\ \overline{E_H[\tilde{n}^1(\boldsymbol{r}) + \hat{n}(\boldsymbol{r})]} + \int_{\Omega_r} v_H[\tilde{n}_{Zc}(\boldsymbol{r})][\tilde{n}^1(\boldsymbol{r}) + \hat{n}(\boldsymbol{r})]\mathrm{d}\boldsymbol{r} \end{aligned} \tag{2-82}$$

式（2-80）~式（2-82）中的 v_H 表示由电荷密度 $n(\boldsymbol{r})$ 产生的静电势，具体表达式为：

$$v_H[n(\boldsymbol{r})] = \int \frac{n(\boldsymbol{r}')}{|\boldsymbol{r} - \boldsymbol{r}'|} \mathrm{d}\boldsymbol{r}' \tag{2-83}$$

那么与静电势对应的静电能为：

$$E_H[n(\boldsymbol{r})] = \int \frac{n(\boldsymbol{r})n(\boldsymbol{r}')}{|\boldsymbol{r} - \boldsymbol{r}'|} \mathrm{d}\boldsymbol{r}' \tag{2-84}$$

对总能量的赝势电荷密度求变分。体系的哈密顿算符可表示为：

$$H[\boldsymbol{\rho}, (\boldsymbol{R})] = -\frac{1}{2}\Delta + \tilde{v}_{\mathrm{eff}} + \sum_{i,j} |\tilde{p}_i\rangle (\hat{D}^1_{ij} + D^1_{ij} - \tilde{D}^1_{ij}) \langle \tilde{p}_i| \tag{2-85}$$

2.4 自洽方法

平均场理论是解决全同粒子体系的一个非常重要的理论。该理论认为体系中的一个电子在一种力场中运动，别的电子和原子核对任一电子的平均效果用这个力场来代替。有了等价的平均场理论后，将多粒子相互作用体系的薛定谔方程转化为单电子体系的薛定谔方程来求解。求解过程中需要进行多次的迭代计算，最后求得满足一定精度的结果，它是一种近似求解方法。但是只有知道了 E_{XC}、$n(\boldsymbol{r})$ 和 V_{xc} 才可以求解 K-S 方程，因此求解的过程是自洽的过程[29]（流程见图 2-1）。

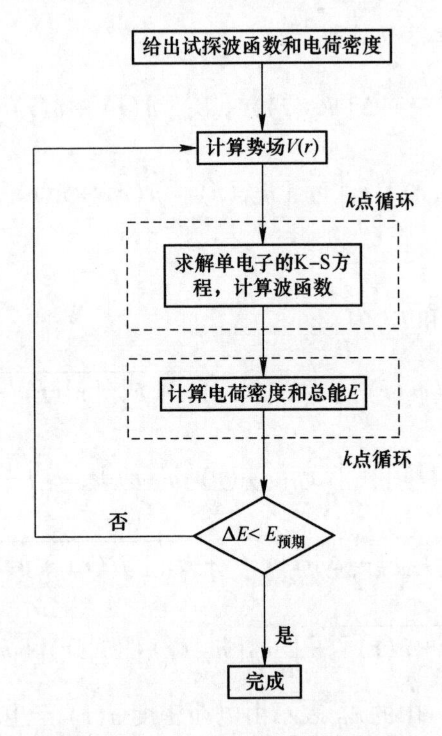

图 2-1　自洽求解 K-S 方程的流程图

自洽求解 K-S 方程时，首先构造出比较合理的初始电荷密度 $n_0(\boldsymbol{r})$，然后根据 $n_0(\boldsymbol{r})$ 和试探波函数构建 K-S 方程的哈密顿量，然后求出新的体系波函数和 $n_{KS}(\boldsymbol{r})$，当某两次迭代的能量差值小于收敛标准时，计算过程就算完成。最后就得到了基态电荷密度对应的本征态函数和基态能量。

2.5 结构优化方法

对研究系统中的原子位置进行调整，从而得到最优体系结构的过程称作结构优化，也叫结构弛豫。进行结构优化的两个标准是力的收敛标准和迭代的能量收敛标准，一般情况下两个标准能够同时收敛，但是有的时候会出现力的收敛较慢。达到两个收敛标准时结构优化自动结束，这时系统达到能量最小值，各原子（离子）达到新的平衡位置，原子周围的电荷进行重新分布。下面介绍几个常用的结构优化方法。

2.5.1 Hellmann-Feynman 力

在量子力学范围内，Hellmann 和 Feynman 给出了离子实的受力 F，位置坐标 R，F 对位置坐标 R 求偏导得：

$$F = -\frac{\partial E}{\partial R} \tag{2-86}$$

式中，E 为满足 K-S 方程的系统的能量本征值。

系统的 K-S 方程为：

$$\hat{H}|\phi\rangle = E|\phi\rangle \tag{2-87}$$

所以 E 为：

$$E = \langle\phi|\hat{H}|\phi\rangle \tag{2-88}$$

将式（2-87）和式（2-88）代入到式（2-86）中有：

$$F = -E\frac{\partial}{\partial R}\langle\phi|\phi\rangle - \langle\phi|\frac{\partial H}{\partial R}|\phi\rangle \tag{2-89}$$

式中，ϕ 为归一化的本征函数，所以离子实的受力为：

$$F = -\langle\phi|\frac{\partial H}{\partial R}|\phi\rangle \tag{2-90}$$

式（2-90）是 Hellmann-Feynman 定理[30]。

由 K-S 方程求解的体系波函数，再根据 Hellmann-Feynman 定理求出离子实的受力，接着对离子进行弛豫。下面介绍一种离子弛豫方法——共轭梯度法。

2.5.2 共轭梯度法

由 Teter 等人[31] 提出的共轭梯度方法（conjugate gradient minimization

scheme，CG）其实是一种迭代计算方法。使用 CG 算法[32] 对第 m 个能带最小化，哈密顿的期望值为：

$$\varepsilon_{\text{app}} = \frac{\langle \phi_m | \hat{H} | \phi_m \rangle}{\langle \phi_m | \hat{S} | \phi_m \rangle} \tag{2-91}$$

如果 $\langle \phi_m | \hat{S} | \phi_m \rangle = 1$，则式(2-91) 对$\langle \phi_m |$ 求变分可得矢量：

$$| (R(\phi_m)) \rangle = (\hat{H} - \varepsilon_{\text{app}} \hat{S}) | \phi_m \rangle \tag{2-92}$$

为了满足第 m 个能带的残数矢量与其他矢量相互正交，在引入拉格朗日因子后，利用共轭梯度法找到 CG 矢量，即

$$| g_m \rangle = | g(\phi_m) \rangle = (1 - \sum_n | \phi_n \rangle \langle \phi_n | S) K(\hat{H} - \varepsilon_{\text{app}} \hat{S}) | \phi_m \rangle \tag{2-93}$$

式中，$K=1$。为了进一步提高此算法的效率，Teter 提出了 K 的新表达式：

$$K = - \sum_q \frac{2 | q \rangle \langle q |}{3/2E^{Kin}(R)} \frac{27 + 18x + 12x^2 + 8x^3}{27 + 18x + 12x^2 + 8x^3 + 64x^4} \tag{2-94}$$

式中，$x = \frac{\hbar^2}{2m_e} \frac{q^2}{3/2E^{Kin}(R)}$，当 q 比较大时，K 的对角矩阵元为：

$$K \to \frac{2m_e}{\hbar^2 q^2} \tag{2-95}$$

虽然共轭梯度算法在优化能量函数和描述系统基态时稳定高效，但通过共轭梯度法求出的系统本征值是基态本征值的线性叠加，且结果不精确。为了精确求解金属体系的本征值，Rayleigh-Ritz 提出需要对已优化的波函数做一个幺正变换，使哈密顿量矩阵对角化。

$$\overline{H}_{nm} = \langle \phi_n | \hat{H} | \phi_m \rangle \tag{2-96}$$

$$\overline{S}_{nm} = \langle \phi_n | \hat{S} | \phi_m \rangle \tag{2-97}$$

然后是矩阵对角化，

$$\sum_m \overline{H}_{nm} B_{mk} = \sum_m \varepsilon_k^{\text{app}} \overline{S}_{nm} B_{mk} \tag{2-98}$$

则 K-S 方程在子空间中的近似基态本征值和本征波函数分别为：

$$\varepsilon_k^{\text{app}}$$

$$| \overline{\phi}_k \rangle = \sum_m B_{mk} | \phi_m \rangle \tag{2-99}$$

2.6 NEB

寻找扩散路径的一个核心问题就是在系统的势能面上找到两平衡态之间的鞍点。一个由 N 个原子组成的系统，系统的总自由度是 $3N$，系统的势能面是一个

3N 维的势能面。想在 3N 维度的势能面找到鞍点是非常困难的。寻找鞍点常用的一个方法是 Nudged Elastic Band（NEB）方法[33-34]。

NEB 方法是在初态与末态之间寻找到一条最小能量路径的方法。在不增加任何条件的情况下，经过结构优化，插入的中间态的能量会达到局域最小值点，但是不能得到一个连续变化的最小能量路径。为了让路径更加连续，每两个 images 之间人为的加入一种弹性作用（spring interaction），人为的弹性带就把这些 images 连接起来，相对均匀的分布在能量路径上。始末态中间的所有 images 需要同时进行优化，这些 images 不会全部达到局域能量最小。如果 images 受力最小时，它们与始末态就构成了 MEP 路径（见图 2-2）。实际上只需考虑弹性力平行和垂直于路径切线方向的两个分量即可。

$$F_i^{\mathrm{NEB}} = -\nabla E(R_i)\big|_{\perp} + [k_{i+1}(R_{i+1} - R_i) - k_i(R_i - R_{i-1})\big|_{\parallel}] \tag{2-100}$$

式中，$E(R_i)$ 为与 R_i（坐标）对应的势能；k_i 为弹性系数。

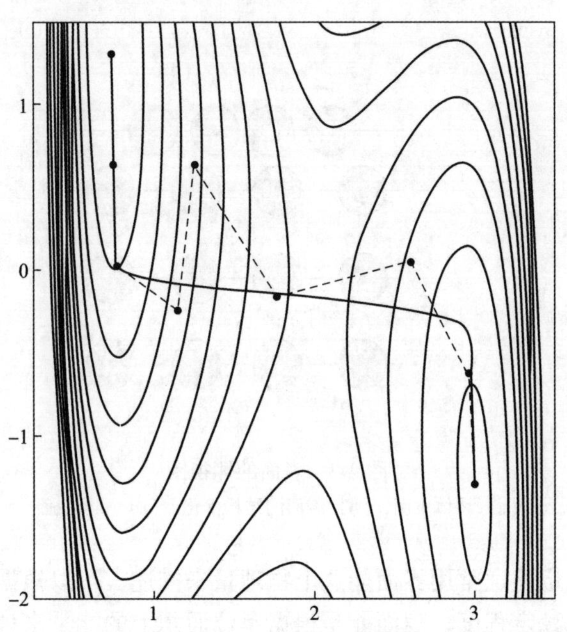

图 2-2　Nudged Elastic Band 方法

NEB 方法和第一性原理结合广泛应用于计算原子在金属表面、晶体内部的扩散[35-37]等方面。

2.7　表面能、界面能、黏附功、偏聚能和拉伸应力

从晶体结构切割表面时，晶体内部的一些化学键会断开，在某一个表面会形

成悬挂键，这样会导致体系的能量增加，使表面变得不稳定。表面中的某原子周围的原子数比晶体中的要少，不可能保持晶体中的位置不变，少数几层表面原子会沿垂直于表面的方向向外或向内发生轻微的位移进行表面弛豫，表面原子沿着平行于表面的方向发生微小的位移实现表面重构（见图 2-3[38]）。

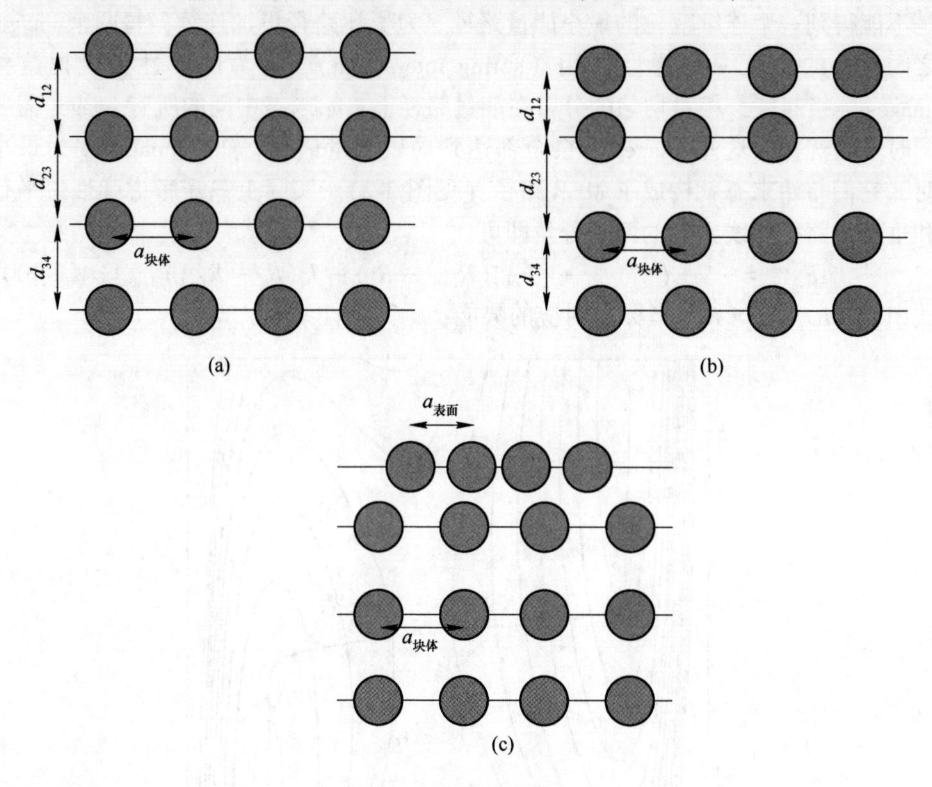

图 2-3 表面的侧视图

（a）块体表面；（b）表面的结构优化；（c）重构表面

衡量界面稳定性通常用界面能这个物理量来描述，可以根据界面能的大小来对比不同界面的稳定程度。表面能是根据单位面积上的能量来计算的，计算表面能的公式是[38-39]：

$$E_{\text{surf}} = \frac{E_{\text{slab}}^{\text{tot}} - NE_{\text{bulk}}^{\text{tot}}}{2S} \tag{2-101}$$

式中，$E_{\text{slab}}^{\text{tot}}$是含有 N 个原子的板（slab）的总能量；$E_{\text{bulk}}^{\text{tot}}$是指块体中的每个原子（单元）的能量，系数因子 1/2 是因为表面板（slab）有两个相等的表面；S 是表面的面积。

要研究合金中不同的相组成的界面的性质，组成界面的两个板（slab）要类似块体（bulk-like）。为了建立类块体的界面结构，需要找到类块体的表面板

（slab）的最小层数，这就需要对表面的收敛性进行测试，当表面能开始收敛时的层数就是类块体板的最小层数[40-41]。我们对 W(100)（见图 2-4）、W(110)、ZrC(200)、ZrC(110) 和 $ZrO_2(001)$ 等表面进行了表面能随着层数变化的分析，当表面能随着层数的增加变化缓慢就可以认为表面已经收敛了。

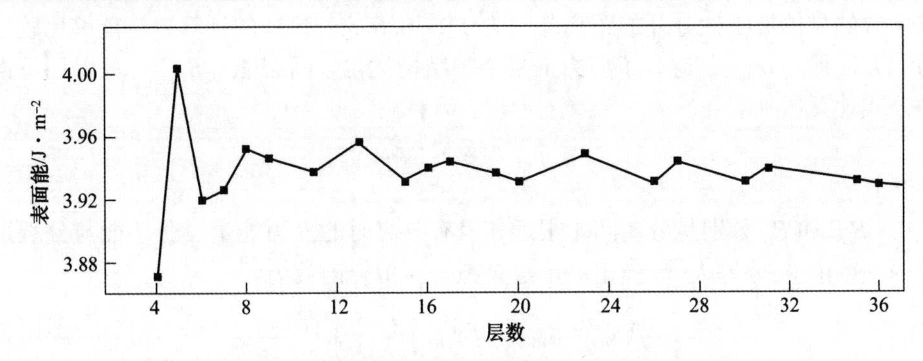

图 2-4 W(100)表面的表面与层数的关系曲线

界面在各种材料中普遍存在，根据界面两侧的原子排列可以分为共格、半共格及非共格三种界面。界面经常与材料的氧化、腐蚀、稳定性和结合强度有关系。界面的结合强弱常用界面能（interface energy，E_{int}）、黏附功（work of adhesion，E_{ad}）和分离功（ideal work of seperation，W_{sep}）等表示，界面能随着晶格匹配度的增加而减小。所以对界面的微观结构进行研究有利于理解界面的结合性质和材料的宏观力学性能。界面能表示由两个对应的块体表面形成界面的能量。界面能的公式是：

$$E_{int} = \frac{E_{slab}^{tot} - E_{slab\_b1}^{tot} - E_{slab\_b2}^{tot}}{2S} \tag{2-102}$$

式中，E_{slab}^{tot}表示界面的总能量；$E_{bulk\_b1}^{tot}$ 表示组成界面的“b1”板（slab）的块体能量；$E_{bulk_b2}^{tot}$表示组成界面的“b2”板（slab）的块体能量；S是界面的面积。

描述界面结合强度的一个重要参量是界面黏附功 E_{ad}，E_{ad}的大小定义为把界面分成两个自由的表面所需要的最小能量。E_{ad}的公式为：

$$E_{ad} = \frac{E_{slab\_1}^{tot} + E_{i\ slab\_2}^{tot} - E_{int}^{tot}}{S} \tag{2-103}$$

式中，$E_{slab_1}^{tot}$表示界面结构中“1”相的总能量；$E_{i\ slab_2}^{tot}$表示界面中“2”相的总能量。

元素在界面中的偏聚能可以用下面的公式计算：

$$E_{seg} = E_{int}^{tot}(X) - E_{int}^{tot}(0) - [E_{bulk\_W}(X) - E_{bulk\_W}(0)] \tag{2-104}$$

式中，$E_{int}^{tot}(X)$ 和 $E_{int}^{tot}(0)$ 分别表示界面中含有 X 元素及不含 X 元素时的界面总能量；$E_{bulk\_W}(X)$ 和 $E_{bulk\_W}(0)$ 分别表示块体 W 超胞中含有和不含有 X 元素时的块体超胞的总能量。若 X 元素在界面的偏聚能是负值，表明 X 元素更加稳定。

界面的断裂能 E_{frac} 和弹性强度 σ_{max}（最大弹性应力），使用文献［42-44］里描述的方法进行刚性拉伸计算。选择结合能最小的平面作为断裂面。断裂面上方和下方的晶体被刚性分开的距离范围为0.1~0.6nm。这样的计算方法能够比较容易和方便得到 σ_{max}，避开了应力下复杂的结构优化。断裂能（E_{frac}）可以用下面的公式计算：

$$E_{frac} = \frac{E_{\infty} - E_0}{2S} \tag{2-105}$$

式中，E_{∞} 和 E_0 分别是分离间距很远和没有分离时的界面能量。分离能与分裂距离的关系由 Rose 等人[40]提出的函数来拟合，拟合函数为：

$$f(x) = E_{frac} - E_{frac}\left(1 + \frac{x}{\lambda}\right)e^{\frac{-x}{\lambda}} \tag{2-106}$$

式中，λ 为 Thomas-Fermi 屏蔽长度。

拉伸应力是 $f(x)$ 的导数：

$$f'(x) = \frac{xE_{frac}e^{\frac{-x}{\lambda}}}{\lambda^2} \tag{2-107}$$

在 $x = \lambda$ 时 $f(x)$ 导数的最大值就是最大的拉伸强度 σ_{max}，因此有：

$$\sigma_{max} = f'(x) = \frac{E_{frac}}{\lambda e} \tag{2-108}$$

如果 X 元素的质量是非常小，那么要考虑 X 元素的零点能（ZPE）对界面能的影响，ZPE 公式为：

$$ZPE = 1/2\sum_i \hbar\nu_i \tag{2-109}$$

式中，$\hbar$ 和 ν_i 分别表示普朗克常数和振动频率。

仅仅让 X 原子（如 H 或 He）进行热振动来计算 X 原子的振动频率。X 原子的 ZPE 对于扩散势垒是有影响的，这个影响的大小可以通过计算鞍点的振动能量与基态的振动能量差值来表示。

2.8 界面模型的构建

构建界面模型时，需要考虑表面的原子堆垛顺序、两个类块体的表面板的晶格失配度及表面末端组成等因素的影响。组建界面的表面的晶格常数不可能相同，因此在构建界面时就会产生晶格失配，晶格失配度可以用下面的公式表示：

$$\delta = \frac{U_a - U_b}{U_a} \tag{2-110}$$

式中，U_a和U_b是组建界面的a和b两个表面的对应晶格常数，晶格失配度越小越好，如果失配度比较大，则需要构建两个表面的超胞，从而减少失配度来减小界面中的应力，晶格失配对界面的影响有时不能忽略。如果建立超胞还不能满足，则需要重新定义晶格参数来重构表面模型达到要求[45]。

参考文献

[1] BORN M，OPPENHEIMER J R. On the Quantum Theory of Molecules [M]. World Scientific Publishing，2000.

[2] HARTREE D R. The wave mechanics of an atom with a non-coulomb central field. Part Ⅰ. Theory and methods [J]. Math. Proc. Cambridge.，2008，24：89-110.

[3] FOCK V. Noherungsmethode zur Losung des quantenmechanischen mehrkorper problems [J]. Z. Für Phys.，1930，61：126-148.

[4] BORN M，HUANG K，LAX M. Dynamical theory of crystal lattices [J]. Am. J. Phys.，1955，23 (7)：474.

[5] HARTREE D R. The wave mechanics of an atom with a non-Coulomb central field. Part Ⅰ. Theory and methods [C] //Mathematical Proceedings of the Cambridge Philosophical Society. Cambridge University Press，1928，24 (1)：89-110.

[6] FERMI E. Eine statistische Methode zur Bestimmung einiger Eigenschaften des Atoms und ihre Anwendung auf die Theorie des periodischen Systems der Elemente [J]. Z. Für Phys.，1928，48：73-79.

[7] KOHN W. Electronic structure of matter-wave functions and density functionals [J]. Rev. Mod. Phys.，1999，71：1253-1266.

[8] KOHN W，SHAM L J. Self-consistent equations including exchange and correlation effects [J]. Phys. Rev.，1965，140：A1133-A1138.

[9] GUNNARSSON O，JONES R O. The density functional formalism，its applications and prospects [J]. Rev. Modem. Phys.，1989，61：689-746.

[10] HOHENBERG P，KOHN W. Inhomogeneous electron gas [J]. Phys. Rev.，1964，136：B864-B871.

[11] HEDIN L，BARTH U V. A local exchange-correlation potential for the spin polarized case [J]. J. Phys. C：Solid State Phys.，1972，5：1629-1642.

[12] GUNNARSSON O，LUNDQVIST B I，WILKINS J W. Contribution to the cohesive energy of simple metals：Spin-dependent effect [J]. Phys. Rev. B，1974，10：1319-1327.

[13] BECKE A D. Density-functional exchange-energy approximation with correct asymptotic behavior [J]. Physical Review. A，General Physics，1988，38：3098-3100.

[14] PERDEW J P，YUE W. Accurate and simple density functional for the electronic exchange energy：Generalized gradient approximation [J]. Phys. Rev. B Condens. Matter，1986，33：8800-8802.

[15] PERDEW J P，WANG Y. Accurate and simple analytic representation of the electron-gas

correlation energy [J]. Phys. Rev. B Condens. Matter, 1992, 45: 13244-13249.

[16] JUAN Y M, KAXIRAS E. Application of gradient corrections to density-functional theory for atoms and solids [J]. Phys. Rev. B Condens. Matter, 1993, 48: 14944-14952.

[17] BURKE K, PERDEW J P, ERNZERHOF M. Generalized gradient approximation made simple [J]. Phys. Rev. Lett., 1996, 77: 3865-3868.

[18] JOCHEN H, PERALTA J E, GUSTAVO E. Scuseria energy band gaps and lattice parameters evaluated with the Heyd-Scuseria-Ernzerhof screened hybrid functional [J]. J. Chem. Phys., 2005, 123: 1-9.

[19] GUSTAVO E, SCUSERIA J H, MATTHIAS E. Hybrid functionals based on a screened Coulomb potential [J]. J. Chem. Phys., 2003, 118: 8207-8215.

[20] ANISIMOV V V, SOLOVYEV I I, KOROTIN M A, et al. Density-functional theory and NiO photoemission spectra [J]. Phys. Rev. B Condens. Matter, 1993, 48: 16929-16934.

[21] ARYASETIAWAN F, GUNNARSSON O. Electronic structure of NiO in the GW approximation [J]. Phys. Rev. Lett., 1995, 74: 3221-3224.

[22] VANDERBILT D. Soft self-consistent pseudopotentials in a generalized eigenvalue formalism [J]. Phys. Rev. B Condens. Matter, 1990, 41: 7892-7895.

[23] PASQUARELLO A, LAASONEN K, CAR R, et al. Ab initiomolecular dynamics ford-electron systems: Liquid copper at 1500K [J]. Phys. Rev. Lett., 1992, 69: 1982-1985.

[24] LEE C, VANDERBILT D, LAASONEN K, et al. Ab initio studies on high pressure phases of ice [J]. Phys. Rev. Lett., 1992, 69: 462-465.

[25] LAASONEN K, PASQUARELLO A, CAR R, et al. Car-Parrinello molecular dynamics with Vanderbilt ultrasoft pseudopotentials [J]. Phys. Rev. B, 1993, 47: 10142-10153.

[26] BLOCHL P E. Generalized separable potentials for electronic-structure calculations [J]. Phys. Rev. B Condens. Matter, 1990, 41: 5414-5416.

[27] BLOCHL P E. Projector augmented-wave method [J]. Phys. Rev. B, Condens. Matter, 1994, 50: 17953-17979.

[28] JOUBERT D, KRESSE G. From ultrasoft pseudopotials to the projector augmented wave method [J]. Phys. Rev. B, 1999, 59: 1758-1775.

[29] PAYNE M C, TETER M P, ALLAN D C, et al. Iterative minimization techniques for ab initio total-energy calculations_molecular dynamics and conjugate gradients [J]. Rev. Mod. Phys., 1992, 64: 1045-1097.

[30] FEYNMAN R P. Forces in molecules [J]. Phys. Rev., 1939, 56: 340-343.

[31] TETER M P, PAYNE M C, ALLAN D C. Solution of Schrodinger's equation for large systems [J]. Phys. Rev. B Condens. Matter, 1989, 40: 12255-12263.

[32] FURTHMU J, KRESSE G. Efficient iterative schemes for ab initio total-energy calculations using a plane-wave basis set [J]. Phys. Rev. B, 1996, 54: 11169-11186.

[33] HENKELMAN G, JO'NSSON H. Improved tangent estimate in the nudged elastic band method for finding minimum energy paths and saddle points [J]. J. Chem. Phys., 2000, 113: 9978-9985.

[34] HENKELMAN G, UBERUAGA B P, JO'NSSON H. A climbing image nudged elastic band method for finding saddle points and minimum energy paths [J]. J. Chem. Phys., 2000, 113: 9901-9904.

[35] MOHN C E, ALLAN N L, FREEMAN C L, et al. Collective ionic motion in oxide fast-ion-conductors [J]. Phys. Chem. Chem. Phys., 2004, 6: 3052-3055.

[36] BUNEA M M, WINDL W, STUMPF R, et al. First-principles study of boron diffusion in silicon [J]. Phys. Rev. Lett., 1999, 83: 4345-4348.

[37] STOLEN S, BAKKEN E, MOHN C E. Oxygen-deficient perovskites: Linking structure, energetics and ion transport [J]. Phys. Chem. Chem. Phys., 2006, 8: 429-447.

[38] MICHAELIDES A, SCHEFFLER M. An introduction to the theory of the metal surface [J]. Textbook of Surface and Interface Science, 2010: 1-40.

[39] POLITZER P, HUHEEYB J E, MURRAY J S, et al. Electronegativity and the concept of charge capacity [J]. J. Mol. Struct., 1992, 259: 99-120.

[40] SILVA J L F D, STAMPFL C, SCHEFFLER M. Converged properties of clean metal surfaces by all-electron first-principles calculations [J]. Surf. Sci., 2006, 600: 703-715.

[41] RUBAN A V, VITOS L, SKRIVER H L, et al. The surface energy of metals [J]. Surf. Sci., 1998: 186-202.

[42] YAMAGUCHI M, SHIGA M, KABURAKI H. Grain boundary Decohesion by impurity segregation in a nickelsulfur system [J]. Science, 2005, 307: 393-397.

[43] WU X B, YOU Y W, KONG X S, et al. First-principles determination of grain boundary strengthening in tungsten: Dependence on grain boundary structure and metallic radius of solute [J]. Acta Mater., 2016, 120: 315-326.

[44] ZHANG S, KONTSEVOI O Y, FREEMAN A J, et al. First principles investigation of zinc-induced embrittlement in an aluminum grain boundary [J]. Acta Mater., 2011, 59: 6155-6167.

[45] CHRISTENSEN A, CARTER E A. Adhesion of ultrathin ZrO_2(111) films on Ni(111) from first principles [J]. J. Chem. Phys., 2001, 114: 5816-5831.

3 W-ZrC 界面稳定性与 H、He 的扩散机理研究

3.1 概　述

钨被认为是核聚变堆的第一壁候选材料，因为钨具有一些良好的材料性能，比如：高的熔点，高的热导率，氚的低滞留率，以及较好的抗溅射性能[1-3]。然而，钨也存在一些缺点，比如：较高的韧脆转变温度，高温再结晶脆性和中子、离子辐照导致的性能退化，这些缺点的存在限制了钨在核聚变反应堆中的使用[4-7]。因此，对钨材料的性能改进是通过基于微合金化的方法来制造更为先进的钨基材料[8]。通过添加 ZrC 和 TiC 等纳米碳化物可以改善 W 材料的低温延展性和抗热冲击性能[9-13]。微观结构研究发现，材料具有良好的延展性和高强度的原因是纳米 W 和纳米碳化物界面，特别是共格和半共格界面的形成[14-15]。无论是实验上[16-18]还是理论[19-22]上的观点都认为，材料内部的界面对其宏观性质有着重要的影响，因此应该获得关于界面结构的详细信息。

当 ZrC 和 TiC 颗粒弥散到 W 基体中，得到的合金材料的力学性能比纯 W 的好，W-ZrC/TiC 合金的强度得到了提高、抗热冲击性得到了改善，其韧脆转变温度比纯 W 的低。在 W-ZrC 及 W-TiC 合金中，在 Kurdjumov-Sachs（K-S）方向形成的完全共格的 W-ZrC 和 W-TiC 界面对合金综合性能的改善有非常大的帮助[17, 23]。然而，界面的微观结构是怎样影响材料宏观性质的，实验上的技术手段很难进行详细准确的观察和追踪。但是，基于密度泛函的第一性原理手段成为了公认的有效的研究微观结构一个手段，能够比较准确地预测界面的原子、电子结构等详细信息，以及不同界面的稳定性、结合强度及其断裂韧性等[10, 24]。近年来，一些学者尝试研究理解 W-ZrC 和 W-TiC 界面的结合强度。例如，Dang 等人通过第一性原理计算发现 W(110)-ZrC(100) 界面比 W(100)-ZrC(100) 界面具有更低的界面能，所以前者更加稳定，具有更高的强度[21]。Qian Jing 等人[25]发现，在 W(110)-ZrC(111) 界面中的 C—W 化学键强度比其他所有界面的 C—W 键都强。可是，由于界面结构的复杂性，关于 ZrC/W 界面的特点的研究结果目前仍然比较少，如界面的结合强度、稳定性，尤其是界面对 H 和 He 等离子体抗辐照性能方面的研究就更少了。

因此为了获得更加准确和详细的微观结构信息，我们使用基于密度泛函的第

一性原理开展了关于 ZrC/W 界面性质的研究。通过第一性原理来研究体心立方结构 W 和 NaCl 结构的 ZrC 组成的界面特点。工作内容包括以下 3 个方面：(1) 研究了 W 和 ZrC 的块体结构及其表面的特点，把本书的理论计算结果和与其他研究者的理论和实验结果进行对比；(2) 建立了 12 个不同的类块体 W-ZrC 界面结构，根据界面能、黏附功和电子结构信息来分析这 12 个 W-ZrC 界面结构的稳定性和结合强度；(3) 还研究了最稳定的 W-ZrC 界面结构对 H 和 He 的捕获及 H、He 在界面处的扩散规律。我们的研究将有助于进一步理解 W-ZrC 合金微观结构特点。

3.2 计算方法

基于密度泛函理论 DFT 的第一性原理计算使用的是 VASP（Vienna Ab Initio Simulation Package），VASP[26] 软件包和投影缀加平面波 PAW[26-27] 赝势波函数。W 原子的核外电子组态 $5d^4 6s^2$，Zr 原子的核外价电子结构是 $4d^2 5s^2$，C 原子的核外价电子结构是 $2s^2 2p^2$，通过平面波基来描述它们的波函数。原子的原子核和内部电子的离子势使用基于投影缀加平面波 PAW 赝势[27] 波函数表征离子实。使用广义梯度近似 GGA 下的 Perdew 和 Wang（PW91）[28] 来处理电子的关联及相关效应[29]。平面波截断能设置为 500eV。用 Monkhorst-Pack[30] 方法产生计算需要的 K 点网格。对原子的位置优化时，力的收敛标准是 0.1eV/nm，原子的受力小于这个数值时系统自动停止结构优化。

3.3 结果和讨论

3.3.1 块体和表面性质

利用第一性原理 VASP 软件包计算块体 W 和 ZrC 的平衡晶格常数（见图 3-1），体心立方结构的 W 的平衡晶格常数是 0.3176nm，计算结果与以前的计算结果（0.3175nm[31]）吻合得很好；岩盐 NaCl 结构的 ZrC 晶体的平衡晶格常数是 0.4726nm，与以前的理论计算结果（0.472nm[32-33]）及实验结果（0.4698nm[34]）都吻合得很好。

在构建界面模型之前，首先研究了 W 和 ZrC 块体中典型的低密勒指数表面的特性，比如 W(100)、W(110)、ZrC(200)、ZrC(110) 和 ZrC(111) 表面（分别见图 3-2（a）~(e)）。首先切出层数不同的一系列表面，给出足够厚的真空层，表面能随着表面模型中层数的逐渐增加变化会越来越小，逐渐收敛于一个常数；然后改变真空层的厚度，观察表面能随真空层的变化，得到类块体结构的 W 表面板（slab）模型和 ZrC 表面板（slab）模型的最小层数及最小真空层厚度。

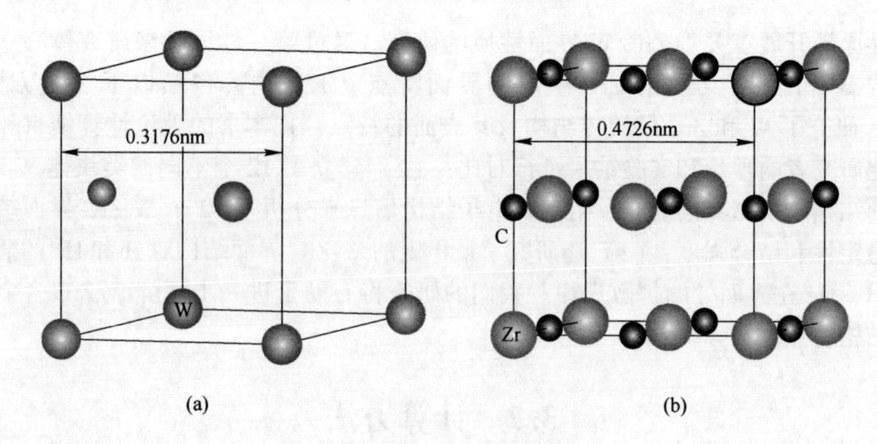

图 3-1 W 和 ZrC 块体材料结构

（大的实心球和小的棕色实心球分别表示 Zr 和 C 原子）

（a）体心立方 W；（b）NaCl 结构 ZrC

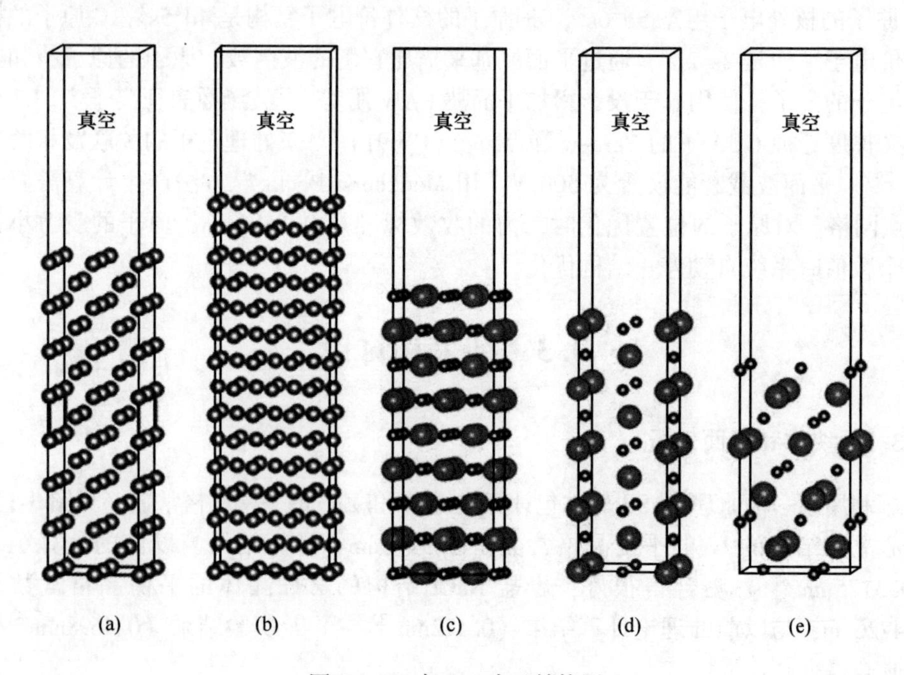

图 3-2 W 与 ZrC 表面结构图

（a）W(100)表面；（b）W(110)表面；（c）ZrC(200)表面；

（d）ZrC(110)表面；（e）ZrC(111)表面

不同密勒指数表面的表面能（E_{surf}）由下面的式[35-37]计算：

$$E_{surf}=\frac{E_{slab}^{tot}-N_{Zr/W}\mu_{ZrC/W}^{bulk}+(N_{Zr}-N_{C})\mu_{C}}{2S} \tag{3-1}$$

式中，E_{slab}^{tot}为W板（slab）或者ZrC板（slab）的总能量；$\mu_{ZrC/W}^{bulk}$为在W或ZrC块体中每单位W或ZrC的块体能量；$N_{Zr/W}$和N_C分别为表面中的Zr/W原子数和C原子数；μ_C为C原子的化学势；S为表面的面积。实际上，ZrC表面中的Zr或者C的化学势是小于块体中的化学势的。所以，$\mu_C-\mu_C^{bulk}$的取值范围如式（3-2）所示：

$$\Delta H_f^{\ominus} \leqslant \mu_C - \mu_C^{bulk} \leqslant 0 \tag{3-2}$$

$$\Delta H_f^{\ominus} = \mu_{ZrC}^{bulk} - \mu_C^{bulk} - \mu_{Zr}^{bulk} \tag{3-3}$$

式中，$\Delta H_f^{\ominus}$是块体ZrC的形成焓，取值为-2.99eV；μ_C^{bulk}和μ_{ZrC}^{bulk}分别是块体C和块体ZrC的化学势。

然而，在化学配比的ZrC板（slab）中，N_{Zr}和N_C数目相等。因此，式（3-1）可以简化为[38]：

$$E_{surf} = \frac{E_{slab}^{tot} - N_{Zr/W}\mu_{ZrC/W}^{bulk}}{2S} \tag{3-4}$$

随着板（slab）层数的增加，表面模型的表面能（E_{surf}）会逐渐收敛于某一个常数，表面能开始收敛时的表面就是类似块体表面。通过一系列的表面能收敛测试发现，真空层的最小厚度为1.2nm，当W(100)和W(110)表面随着层数的增加表面能逐渐趋于某个值（见图3-3（a）和（b）），W(100)比W(110)收敛得更快，当层数为15时都可以近似认为已经收敛；考虑到计算条件的限制，近似认为当ZrC(200)、ZrC(110)表面的层数为9时已收敛（见图3-3（c）和（d）），看作类块的表面结构。W和ZrC的4个化学配比的表面模型的表面能计算结果见表3-1，表中也列出了其他研究者的第一性原理计算结果和实验结果。从表3-1发现，W(100)表面的表面能数值是3.93J/m^2，与已有的理论结果3.904J/m^2[21]一致；W(110)表面的表面能数值是3.19J/m^2，与已有的理论值3.21J/m^2[31]和实验值3.27J/m^2[39]都吻合得很好；同样，ZrC(110)表面的表面能是3.23J/m^2，与已有的理论值3.199J/m^2[40]基本一致；ZrC(200)表面的表面能数值是1.65J/m^2，同样与已有的理论结果1.592J/m^2[40]吻合得很好。

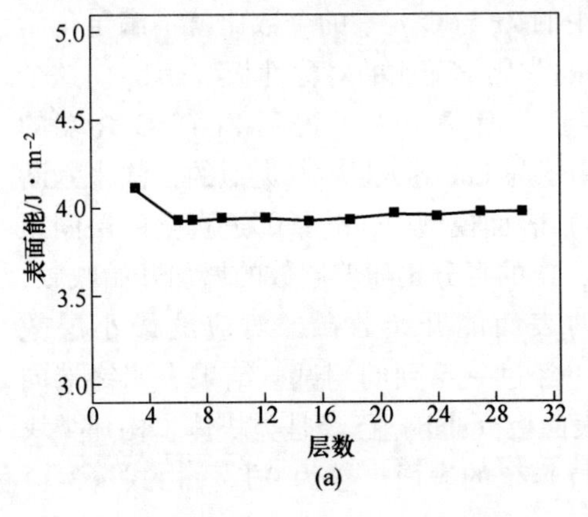

(a)

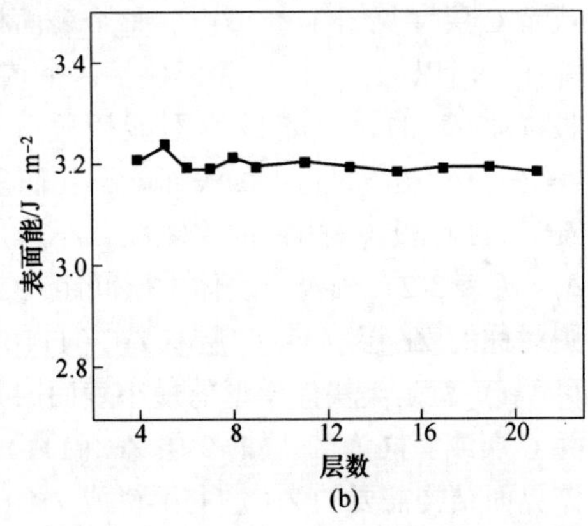

(b)

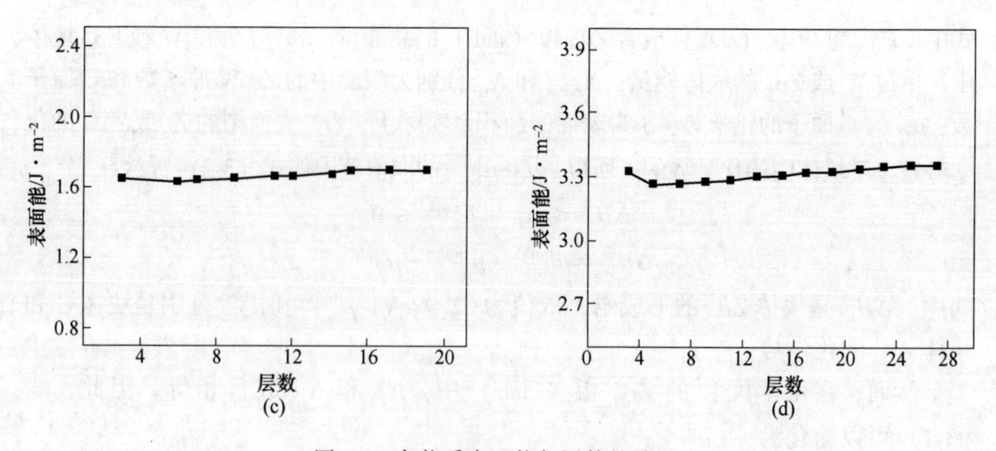

图 3-3 各物质表面能与层数的关系

(a) W(100); (b) W(110); (c) ZrC(200); (d) ZrC(110)

表 3-1 W(100)、W(110)、ZrC(200) 和 ZrC(110) 表面的表面能

块 体	表面能/J · m⁻²			
	W(100)	W(110)	ZrC(200)	ZrC(110)
本研究结果	3.93	3.19	1.65	3.23
以前的研究结果	3.904[21]	3.21[31], 3.27[39]	1.592[40]	3.199[40]

然而，ZrC(111) 表面与 ZrC(200) 和 ZrC(110) 表面的结构不一样，其由单独的 Zr 层（layer）和 C 层（layer）交替组成。如果 ZrC(111) 表面的模型由化学配比的 ZrC 组建界面模型，ZrC(111) 板（slab）的最上和最下两侧分别是 Zr 层（C 层）或者 C 层（Zr 层），这样则会出现偶极子效应；为了消除偶极子效应对表面能结果的影响，组成 ZrC(111) 表面板的最上和最下两层应均是 Zr 层或者 C 层（见图 3-2（e）），整个表面板中的 Zr 与 C 元素的个数比就不满足化学配比，所以 ZrC(111) 表面板是一个特殊的非化学配比的对称性板（slab）。这个板（slab）的表面能显然不能用式（3-4）来计算，为了得到 Zr 或 C 终端的 ZrC(111) 板（slab）的表面能，我们采用了与 Liu 等人[35, 41]类似的方法来判断 ZrC(111) 板（slab）的收敛性。ZrC(111) 表面模型中，若紧邻近真空的层间距 Δ_{ij}（见表 3-2）相对于块体中层间距（$\Delta_{i'j'}$）的百分比随着层数的增加开始收敛，则对称的 Zr 层（或 C 层）ZrC(111) 的表面能开始收敛，对应的最小层数（layer）就是类块体模型的最小表面层数。经过一系列的测试，结果表明终端同为 C 层或者同为 Zr 层的 9 层 ZrC(111) 表面板（slab）已经是类块体，构建类块体界面结构需要的 ZrC(111)-C 或 ZrC(111)-Zr 的表面层数为 9 层。由式（3-1）

可知，ZrC(111)-C 或 ZrC(111)-Zr 板（slab）的表面能是化学势 $\mu_C-\mu_C^{bulk}$ 的函数，所以 ZrC(111) 表面的表面能是在某个区间内连续变化的（见图 3-4）。由图 3-4 可知，C 终端的 ZrC(111) 表面的表面能随着化学势 $\mu_C-\mu_C^{bulk}$ 的增加而减小，但是，Zr 终端的 ZrC(111) 表面的表面能随着 $\mu_C-\mu_C^{bulk}$ 化学势的增加而增加。在整个区间内，C 终端的表面能大于 Zr 终端的表面能。

表 3-2 对称性 ZrC(111) 板中，紧邻真空层的层间距相对于块体中层间距（Δ_{ij}）的百分比

终端	层间距	板的厚度 n				
		3	5	7	9	11
C	Δ_{12}	83.7	83.0	84.9	85.5	86.0
	Δ_{23}		102	102	102	102
	Δ_{34}			99	99	100
	Δ_{45}				100	99
	Δ_{56}					100
Zr	Δ_{12}	92.0	83.6	82.7	82.6	82.3
	Δ_{23}		105	110	111	111
	Δ_{34}			96	94	94
	Δ_{45}				101	102
	Δ_{56}					99

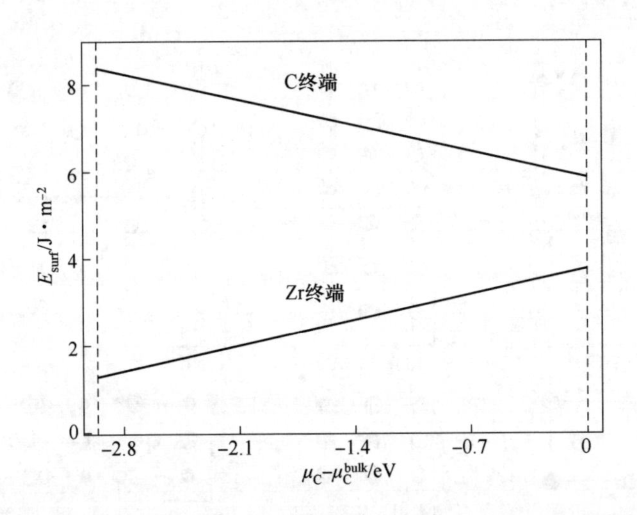

图 3-4 Zr 终端或者 C 终端的 ZrC(111)板(slab)的表面能随着 $\mu_C-\mu_C^{bulk}$ 的变化曲线

3.3.2 界面模型和界面的稳定性

为了能够系统地研究界面的特点，我们建立了 12 种不同的 W-ZrC 类块体界面结构模型，比如：$ZrC(200)_C/W(100)$，$ZrC(200)_{Zr}/W(100)$，$ZrC(110)_C/W(110)$，$ZrC(110)_{Zr}/W(110)$，$ZrC(110)_C/W(100)$，$ZrC(110)_{Zr}/W(100)$，$ZrC(200)_C/W(110)$ 和 $ZrC(200)_{Zr}/W(110)$，下标字母“C”表示在界面中 C 原子位于 W 原子的正上方，下标字母“Zr”则表示界面中 Zr 原子位于 W 原子的正上方，还有四种非化学配比的 C 终端（或者 Zr 终端）的 ZrC(111)/W(110)(或 W(100))界面（见图 3-5（e）和（f））。为了保证合适的计算量，用最小层数的 W 表面和 ZrC 表面来构建界面模型，其中 ZrC 板（slab）为 9 层，W 板（slab）为 15 层，真空层厚度为 1.2nm。

图 3-5 所示为 W-ZrC 界面结构的示意图，图中仅画出了 6 个 C 原子位于 W 原子正上方的 W-ZrC 界面结构，每个界面结构仅显示了紧邻界面的上下各三层原子来清楚地展示界面结构中的原子堆积顺序。在构建 W-ZrC 界面时需要保证晶格常数的适配度尽可能小（晶格适配度≤3%）。ZrC(200)/W(100) 界面是由 2×2 的 ZrC(200) 超胞和 2×2 的 W(100) 超胞构建而成，从图 3-5（a）可以看出此界面是共格界面；ZrC(110)/W(110) 界面由 1×1 的 ZrC(200) 和 W(100) 表面组成；ZrC(200)/W(110) 界面由 1×4 的 ZrC(200) 超胞和 1×3 的 W(110) 超胞构建；ZrC(110)/W(100) 界面由 1×2 的 ZrC(110) 超胞和 1×3 的 W(100) 超胞构建而成；ZrC(111)/W(100) 界面由 1×4 的 ZrC(111) 超胞和 1×7 的 W(100) 构建而成；ZrC(111)/W(110) 界面由 1×3 的 ZrC(111) 超胞和 1×4 的 W(110) 超胞构建而成。非化学配比的 ZrC(111)/W(100) 的界面结构模型如图 3-6 所示。

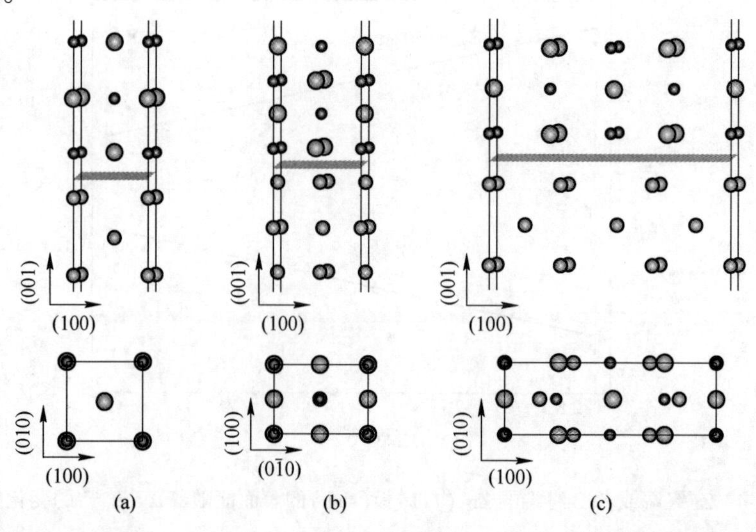

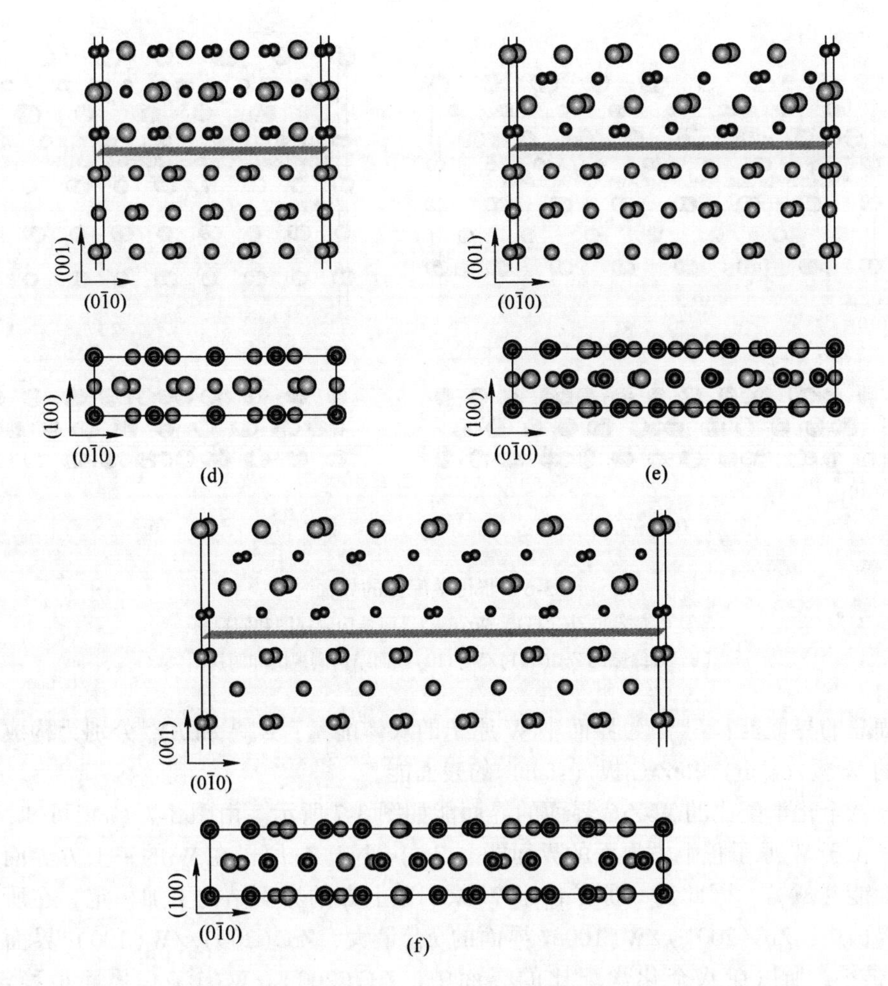

图 3-5 六个典型的 C 原子位于 W 原子正上方的 W-ZrC 界面结构示意图

(每个小图中上面的图是界面模型的侧视图，下面的图是界面模型的俯视图。阴影区域是界面位置)

(a) $ZrC(200)_C$/W(100) 界面；(b) $ZrC(110)_C$/W(100) 界面；(c) $ZrC(110)_C$/W(110) 界面；

(d) $ZrC(200)_C$/W(110) 表面；(e) 非化学配比的 ZrC(111)/W(110) 界面；

(f) 非化学配比的 ZrC(111)/W(100) 界面

界面的性质可以进行定量描述，比如：界面能 E_{int} 和黏附功 E_{ad} 用来描述界面性质的两个物理量。界面能 E_{int} 用来描述界面稳定性。界面能 E_{int} 越小，说明界面越稳定，反之界面越不稳定。E_{int} 的数值可以用下面的公式来计算[35, 42]。

$$E_{int} = \frac{E_{int}^{tot} - E_{W}^{bulk} - N_{Zr}\mu_{ZrC}^{bulk} + (N_{Zr} - N_{C})\mu_{C}}{S} - E_{W}^{surf} - E_{ZrC}^{surf} \tag{3-5}$$

式中，S 为 W-ZrC 界面的面积（图 3-5 和图 3-6 中灰色图形所示部分）；E_{int}^{tot} 为

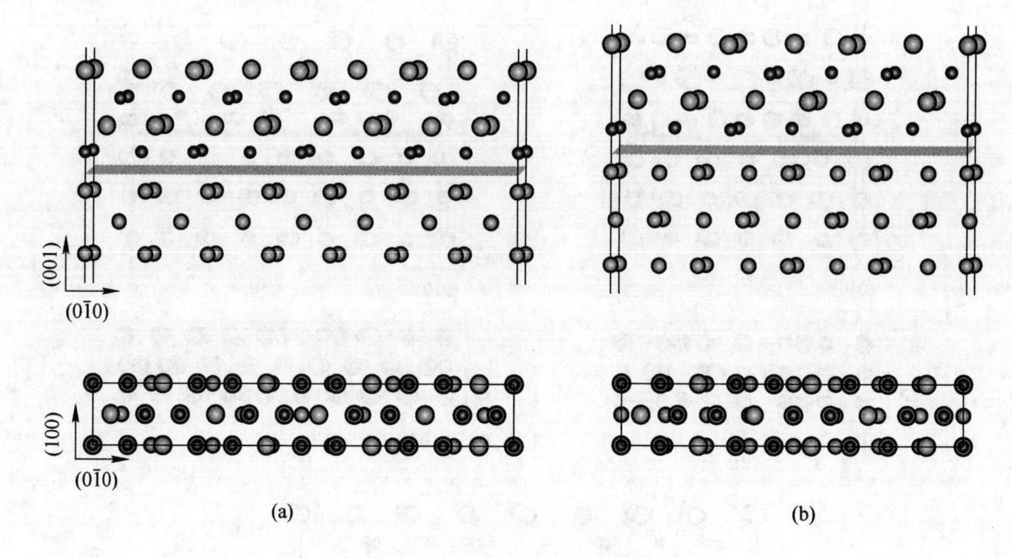

图 3-6 非化学配比的界面
(a) C 终端的 ZrC(111)/W(100)界面结构侧视图和俯视图；
(b) C 终端的 ZrC(111)/W(110)界面结构侧视图和俯视图

界面总的界面能；E_{W}^{bulk} 为界面中 W 原子的块体能量；E_{W}^{surf} 和 E_{ZrC}^{surf}分别为构成界面的 W 板（slab）和 ZrC 板（slab）的表面能。

八个化学配比的 W-ZrC 界面的界面能如图 3-7 所示。由图 3-7（a）可知，C 原子位于 W 原子正上方界面的界面能（E_{int}）小于 Zr 原子在 W 的正上方界面的界面能（E_{int}），因此当 C 原子位于 W 原子正上方的界面结构更加稳定。在所有的界面中，ZrC(200)$_{Zr}$/W(100) 界面的 E_{int} 最大，ZrC(200)$_{C}$/W(100) 界面的 E_{int} 最小，所以在八个化学配比的界面中，ZrC(200)$_{C}$/W(100) 界面最稳定。ZrC(110)$_{C}$/W(110) 界面与 ZrC(200)$_{Zr}$/W(100) 的界面能大小接近，ZrC(200)$_{Zr}$/W(100) 的界面能仅次于 ZrC(200)$_{Zr}$/W(100) 界面，ZrC(110)$_{C}$/W(110) 界面的界面能最大。

对于四个非化学配比的 ZrC(111)/W(100) 和 ZrC(111)/W(110) 界面，其界面能的数值不能用式（3-1）来计算，其 E_{int} 不是一个确定值，E_{int} 随着 C 化学势的变化而变化，它是 $\mu_{C}-\mu^{bulk}$ 的函数，界面能与 C 的化学势的关系曲线如图 3-8 所示。为了更好地比较非化学配比界面与化学配比界面，ZrC(200)$_{C}$/W(100) 界面的界面能也在图中画了出来。由图 3-8 可知，Zr 终端的 ZrC(111)/W(100) 和 ZrC(111)/W(110) 两界面的界面能随着化学势 $\mu_{C}-\mu_{C}^{bulk}$ 的增加而增加，但是 C 终端的 ZrC(111)/W(100) 和 ZrC(111)/W(110) 界面的界面能随着化学势 $\mu_{C}-\mu_{C}^{bulk}$ 的增加而减小。当 $\mu_{C}-\mu_{C}^{bulk}$ 小于 −1.9eV 时，非化学配比的 C 终端的 ZrC(111)/W 界面的界面能大于非化学配比的 Zr 终端的 ZrC(111)/W 界面的界面

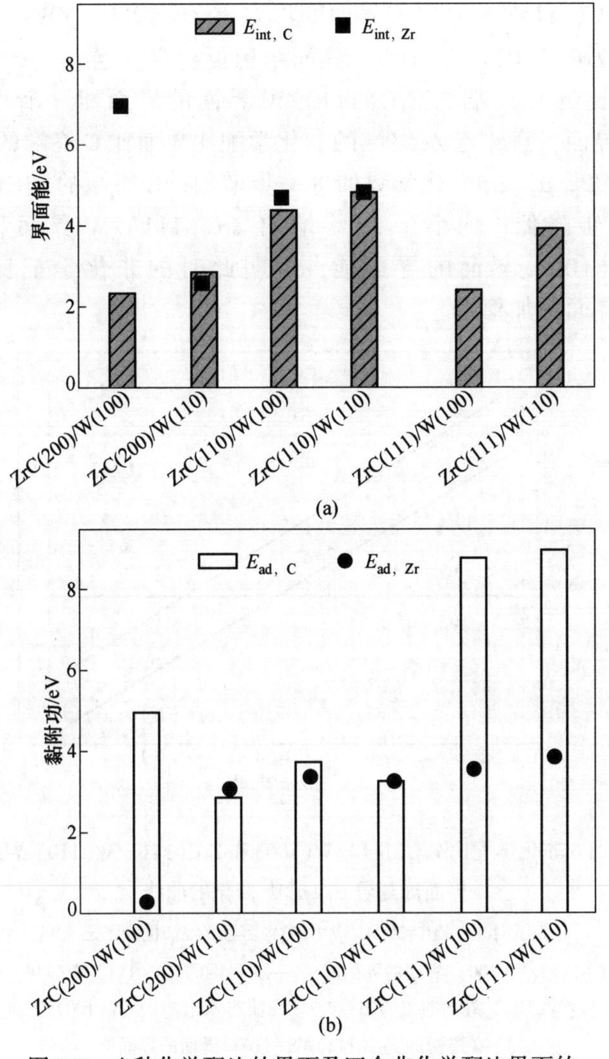

图 3-7 八种化学配比的界面及四个非化学配比界面的界面能 E_{int}（a）与其黏附功 E_{ad}（b）

$E_{ad,C}$—界面处 C 原子在 W 原子上方的黏附功（$E_{ad,C}$）；
$E_{int,C}$—界面处 C 原子在 W 原子上方的界面能；
$E_{int,Zr}$—界面处 Zr 原子在 W 原子上方时的界面能；
$E_{ad,Zr}$—界面处 Zr 原子在 W 原子上方时的黏附功

能以及化学配比的 ZrC(200)$_C$/W(100) 界面的界面能，所以后两种类型的界面更稳定；$\mu_C-\mu_C^{bulk}$ 小于-2.3eV 时，化学配比的 ZrC(200)$_C$/W(100) 界面的界面能大于 Zr 终端的 ZrC(111)/W 界面，表明化学配比的 ZrC(111)/W 界面更加稳定。随着 $\mu_C-\mu_C^{bulk}$ 化学势的增加，非化学配 C 终端的 ZrC(111)/W 界面的界面能

与 Zr 终端的 ZrC(111)/W 界面的界面能均大于 $ZrC(200)_C/W(100)$ 界面的界面能，这表明 $ZrC(200)_C/W(100)$ 界面结构更稳定。当 $\mu_C-\mu_C^{bulk}$ 大于-1.3eV 时，非化学配比的 C 终端的 ZrC(111)/W 界面的界面能逐渐小于 Zr 终端的 ZrC(111)/W 界面，意味着 Zr 终端的非化学配比界面比 C 终端的非化学配比界面更加稳定。随着 $\mu_C-\mu_C^{bulk}$ 化学势的进一步增加，C 终端的 ZrC(111)/W 界面的界面能进一步降低，均小于 Zr 终端的 ZrC(111)/W 界面和化学配比的 $ZrC(200)_C/W(100)$ 界面的界面能，表明此时的非化学配比的 C 终端的 ZrC(111)/W 界面更加稳定。

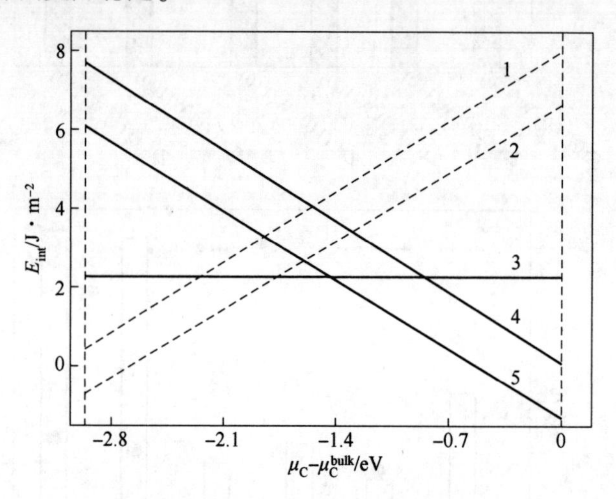

图 3-8 非化学配比 ZrC(111)/W(100)和 ZrC(111)/W(110)界面的界面能随着 $\mu_C-\mu_C^{bulk}$ 变化的曲线

（为了对比，$ZrC(200)_C/W(100)$ 界面的 E_{int} 也画了出来）

1—Zr 终端的 ZrC(111)/W(100) 界面的界面能；2—Zr 终端的 ZrC(111)/W(110) 界面的界面能；
3—$ZrC(200)_C/W(100)$ 界面的界面能；4—C 终端的 ZrC(111)/W(100) 界面的界面能；
5—C 终端的 ZrC(111)/W(110) 界面的界面能

表征界面性质的另外一个重要参量是黏附功（E_{ad}），E_{ad} 可以用来描述界面的结合强度[36]，E_{ad} 可以定义为把一个界面分成两个自由表面所需要的最小能量。E_{ad} 也可以表示为界面的总能量与两个独立板（slab）能量的差值。如果某一界面的 E_{ad} 越大，则说明该界面结合越强，也意味着该界面的化学键越强；反之界面的结合越弱。界面的黏附功（E_{ad}）可以用下面的公式来计算[22,43-45]。

$$E_{ad} = \frac{E_W + E_{ZrC} - E_{int}^{tot}}{S} \tag{3-6}$$

式中，E_W 为界面中的 W 板（slab）部分保持不变，ZrC 板（slab）用真空代替后的能量；E_{ZrC} 为界面结构中的 ZrC 板（slab）保持不变，界面中的 W 板（slab）用真空代替后的能量；S 为对应的 ZrC/W 界面的面积。

八个化学配比的 ZrC/W 界面和四个非化学配比的 ZrC(111)/W 界面的黏附功结果如图 3-7（b）所示。由图 3-7（b）可以发现，黏附功 $E_{ad,C}$ 一般大于 $E_{ad,Zr}$，这说明分离 ZrC_C/W 的界面需要的能量比 ZrC_{Zr}/W 界面的能量更多，也就意味着 ZrC_C/W 类的界面更加稳定。在八个化学配比的界面中，ZrC(200)/W(100) 界面的 $E_{ad,C}$ 与 $E_{ad,Zr}$ 的差别最大，$ZrC(200)_C$/W(100) 界面的黏附功最大，说明此界面最稳定（这与根据 E_{int} 判断的结论一致），界面的化学键结合更强，反而 $ZrC(200)_{Zr}$/W(100) 界面的黏附功最小，说明这个界面的结合强度最弱最不稳定。从图 3-7（b）可知，在所有的 12 个界面结构中，C 终端的 ZrC(111)/W(110) 界面的 E_{ad} 最大，依次是 C 终端的 ZrC(111)/W(100) 界面的 E_{ad} 和 ZrC(200)/W(100) 界面的 E_{ad}。这表明 C 终端的 ZrC(111)/W(110) 界面的结合强度最强，从微观上来看，由于此界面形成了更多的 C—W 化学键的结果，C—W 键的结合强度大于 Zr—W 键，所以此界面的结合更加牢固，这一结论和其他研究者的结论一致[25]。

为了更好地研究界面的稳定与微观结构之间的内在关联，本书进一步分析了 $ZrC(200)_C$/W(100) 界面、C 终端的 ZrC(111)/W(100) 界面和 ZrC(111)/W(100) 界面的电子结构，以及界面处原子之间的化学键键长（见表 3-3）。我们发现大多数界面处的 C—W 化学键的键长小于块体 WC 的 C—W 键键长。$ZrC(200)_C$/W(100) 界面的 C—W 化学键键长最短为 0.209nm，小于 WC 块体中的 C—W 键长 0.2197nm[46] 及以前的理论值 0.2196nm[47]。在 C 终端的 ZrC(111)/W(100) 界面和 ZrC(111)/W(110) 界面中，最短的 C—W 键的键长分别为 0.1866nm 和 0.202nm。C—W 键的键长越短，形成的 C—W 键越多，说明界面的相互作用越强，与黏附功分析得到的结论一致。

通过对界面的界面能、黏附功和界面间距的分析发现，共格的 $ZrC(200)_C$/W(100) 界面、半共格的 C 终端的 ZrC(111)/W(100) 界面和 ZrC(111)/W(110) 界面比其他界面更稳定。需要指出的是，对于 C 终端的 ZrC(111)/W(100) 界面和 ZrC(111)/W(110) 界面，由于界面处紧邻 W 板（slab）的 ZrC 层完全是由 C 原子组成的（见图 3-5（e）和（f）），在界面处形成强的 C—W 化学键数量多，这是界面结合强的微观原因。然而，要想在实验中实现 C 层和 Zr 层交替出现的组织结构几乎是不可能的，界面断裂时，需要的最小黏附功的断裂面一般不是规则的面，也不一定发生在这样的 W 板（slab）与 ZrC 板（slab）之间。此外，Xie 等人在实验研究中发现，通过弥散强化形成的 W-ZrC 合金中结合最强的界面是共格界面[17]。因此，共格的 $ZrC(200)_C$/W(100) 界面是 W-ZrC 合金中一个主要的界面类型。

表3-3 不同的ZrC/W界面处的C—W、Zr—W和Zr—C化学键的最小键长及块体中的键长

界　面	最小键长/nm		
	C—W	Zr—W	Zr—C
$ZrC(110)_{Zr}/W(100)$	0.201	0.263	0.236
$ZrC(110)_{C}/W(100)$	0.202	0.261	0.230
$ZrC(200)_{C}/W(100)$	0.209	0.316	0.231
$ZrC(200)_{Zr}/W(100)$	0.396	0.328	0.231
$ZrC(200)_{C}/W(110)$	0.220	0.269	0.228
$ZrC(200)_{Zr}/W(110)$	0.217	0.279	0.227
$ZrC(110)_{C}/W(110)$	0.200	0.297	0.231
$ZrC(110)_{Zr}/W(110)$	0.224	0.258	0.233
ZrC(111)/W(100)	0.187	0.285	0.22
ZrC(111)/W(110)	0.201	0.295	0.22
WC	0.2197	—	—
ZrC	—	—	0.236

界面原子化学键的特征与界面的稳定性及结合强度密切相关。界面化学键的特征可以通过界面的电子结构来分析，所以计算了$ZrC(200)_{C}/W(100)$界面的电荷密度，$ZrC(200)_{C}/W(100)$、$ZrC(110)_{C}/W(100)$和$ZrC(110)_{Zr}/W(100)$界面的差分电荷（见图3-9）。由图3-9（a）可知，界面处的C原子和W原子周围的电荷在垂直于界面的方向上发生了极化现象。在W基一侧靠近界面处的两层W原子周围的电荷发生了明显的再分布，甚至第三层的W原子也发生了轻微的电荷再分布；然而，在ZrC板（slab）一侧，仅仅是靠近界面第一层的C原子周围电荷明显发生了再分布，同层的Zr原子周围的电荷几乎没变化。界面的C原子和W原子之间的区域明显有电荷聚集，共同占有这部分电荷，意味着在垂直界面方向上C和W原子之间形成了新的化学键。

由图3-9（b）差分电荷可知，对比$ZrC(200)_{C}/W(100)$与ZrC(110)/W(100)界面的差分电荷发现，ZrC(110)/W(100)界面中C、W之间的电荷与$ZrC(200)_{C}/W(100)$界面一样主要是在垂直于界面方向发生了电荷的再分布。在平行于界面方向上，界面附近原子并没有发生明显的电荷再分布，原子周围电荷的再分布主要发生在垂直于界面的方向上。界面的Zr原子周围的电荷没有明显得到或失去电荷。在垂直界面方向靠近W原子的一侧，C原子附近的电荷明

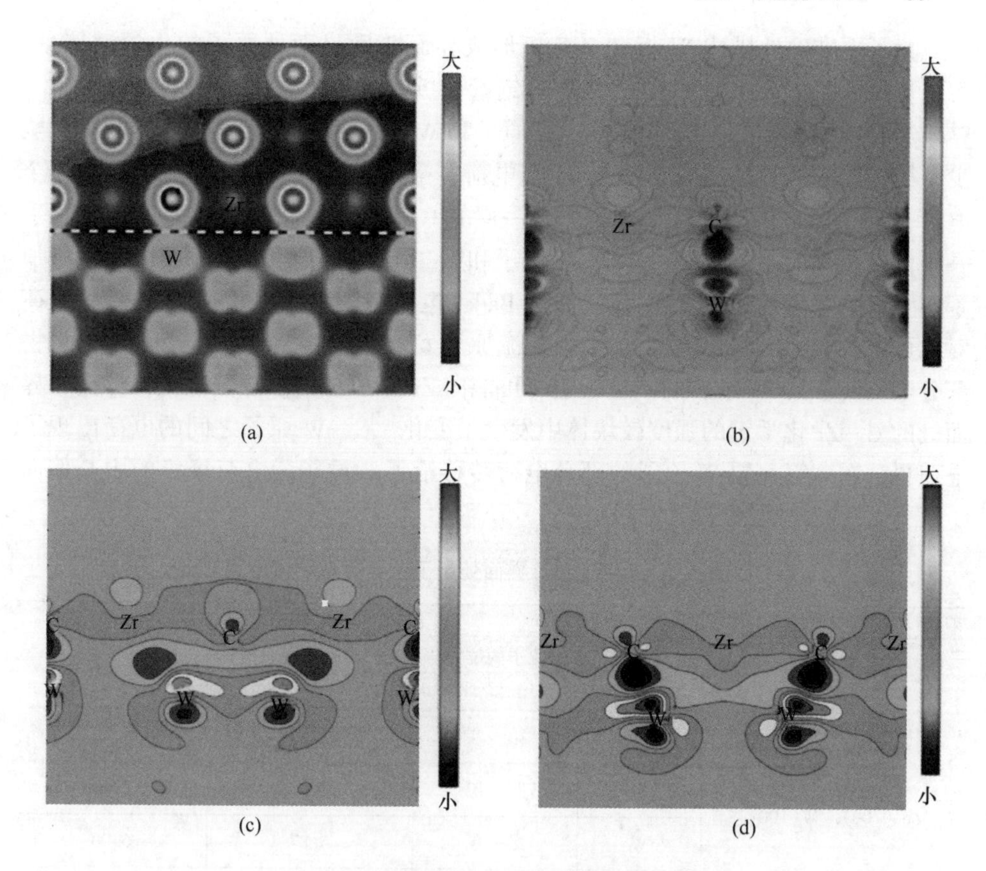

图 3-9 界面的电荷密度分布及差分电荷

（C 原子和 W 原子之间就是界面的位置，颜色越偏向蓝色表示越容易得到电荷，越偏向红色表示越容易失去电荷）

（a）$ZrC(200)_C/W(100)$ 界面的电荷密度（图中的水平虚线表示界面位置）；

（b）$ZrC(200)_C/W(100)$ 界面的差分电荷分布图；

（c）$ZrC(110)_C/W(100)$ 的差分电荷；

（d）$ZrC(110)_{Zr}/W(100)$ 的差分电荷

显增多，而界面处 W 原子在垂直界面方向上靠近 C 的一侧明显失去电子，说明在垂直界面方向电荷从 W 原子向 C 原子发生了转移，在成键过程中 C 原子得到了电子，表明 C—W 键具有共价键的特点。由于 C 原子的电负性比 W 原子强，因此 C 原子得到电荷，W 原子失去电荷。从图 3-9（c）和（d）中可以看出，得失电子的现象还有可能出现在 Zr、C 和 W 三原子之间的区域，这个区域的电荷得失程度弱于 C、W 之间的电子得失。总的来说，得失电子的区域并没有明显完全分开，电荷的中心偏向 C 原子。所以，界面处的 C—W 化学键具有共价键和离子键的复合特点。

为了更准确地描述 W 板和 ZrC 板形成界面前后界面处原子的化学键信息，可以从 Bader 电荷（见表 3-4）来进行定量分析。从表 3-4 可以看出 $ZrC(200)_C/W(100)$ 中紧邻界面（第一层）的 C 原子和 W 原子的总电荷均比块体的稍微减少，第一层的 C 原子失去了约 0.05 个电荷，第一层的 W 原子失去了约 0.13 个电荷，$ZrC(200)_{Zr}/W(100)$ 界面中第一层的 C 和 W 原子的 Bader 电荷变化几乎一样。两个界面结构中第一层的 Zr 原子和第二层的 W 原子的 Bader 电荷均增加了约 0.1 个电荷和 0.05 个电荷。通过 Bader 电荷与图 3-9（b）所示的差分电荷对比可以发现，C-Zr 原子间的电荷向 Zr 原子发生了转移，有可能是 C 原子失去部分电荷转移给 Zr 原子，W 原子也有可能向 Zr 原子转移了部分电荷，界面中界面处的 C—Zr 化学键的强度较块体中发生了变化。C、W 原子之间的电荷出现了电荷再分布，第一层 W 原子的部分电荷转移给了 C 原子，电荷聚集的中心偏向 C 原子，它们之间形成新的化学键。

表 3-4 $ZrC(200)_{C(或Zr)}/W(100)$ 界面处原子在界面与块体中的 Bader 电荷

界面	原子	原子的位置	界面中原子的 Bader 电荷	块体中原子的 Bader 电荷
$ZrC(200)_C/W(100)$	C	第一层	5.65	5.70
	Zr	第一层	2.40	2.30
	W	第一层	5.87	6.00
	W	第二层	6.05	6.00
$ZrC(200)_{Zr}/W(100)$	C	第一层	5.64	5.70
	Zr	第一层	2.41	2.30
	W	第一层	5.87	6.00
	W	第二层	6.05	6.00

为了进一步了解化学键的信息，我们计算了 $ZrC(200)_C/W(100)$ 和 $ZrC(110)_C/W(100)$ 界面中的 Zr 原子、C 原子和 W 原子的分态密度（PDOS）（见图 3-10）。为了更加准确地分析界面化学键的微观信息，图 3-10 中也给出了 W、C 和 Zr 原子在 W 块体及 ZrC 块体中的 PDOS 用来对比。从图 3-10（b）~（d）可知，界面处的 Zr 原子和 W 原子的 PDOS 在费米能级位置有一个明显凸起的峰，费米能级处的非零峰意味着形成的界面具有一定的金属特征，主要是 W 5d 轨道和 Zr 4d 轨道的贡献，少部分来源于 C 2p 轨道的贡献。在 -11 ~ -9eV 范围内的 C 2s 轨道与在 -10.5 ~ -9.5eV 范围内的 W 5d 轨道的态密度发生了重叠，两者之

间出现轨道杂化。在-6~-2eV 范围内，C 2p 轨道与 W 5d 轨道态密度的重叠，两者之间出现了强的轨道杂化，暗示着界面处的C—W 化学键是强的共价键。强的 C—W 共价键是界面更加稳定、结合更强的原因。与块体材料中的 PDOS 相比，界面中 Zr 原子的 4d 轨道的 PDOS 展宽小于块体中 Zr 原子的 PDOS。费米能级附近的 Zr 4d 和 W 5d 轨道的态密度比块体材料的分态密度更加局域化，意味着界面处的化学键更强。界面中的 C 原子和 Zr 原子的分态密度向低能级发生了移动，而 W 原子则明显没有，可能是由于界面和 ZrC 块体中的原子分布情况造成的。

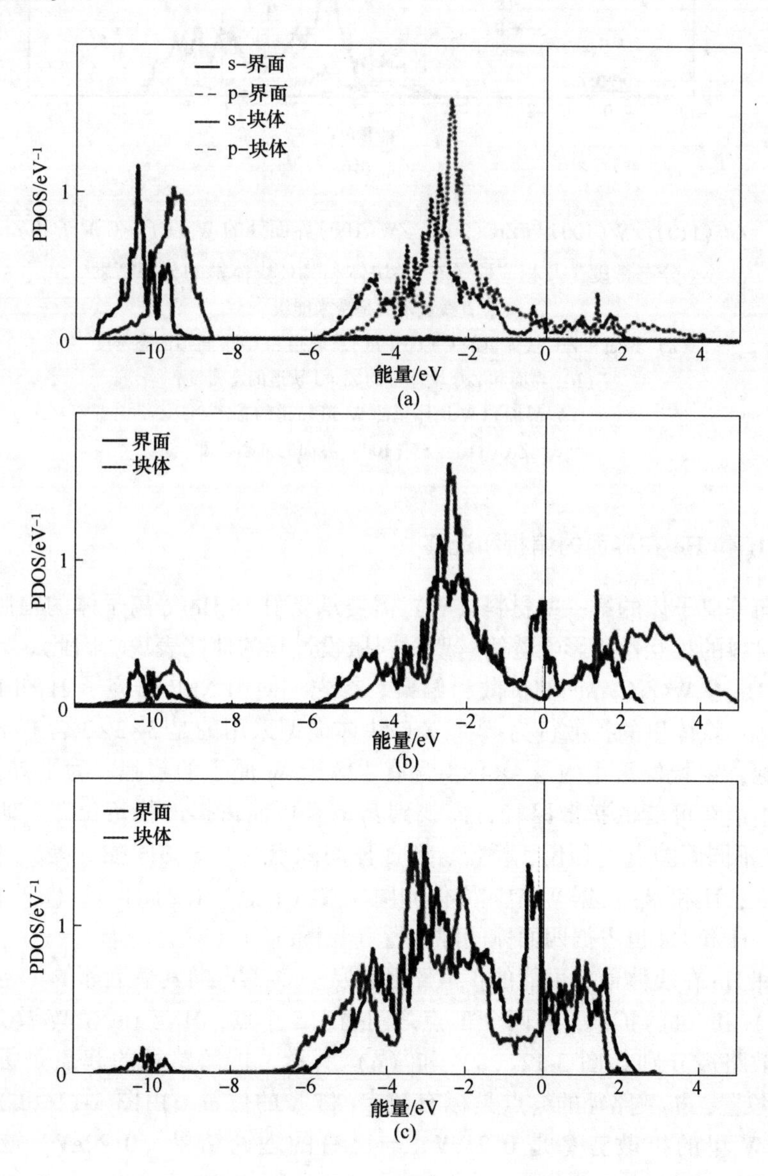

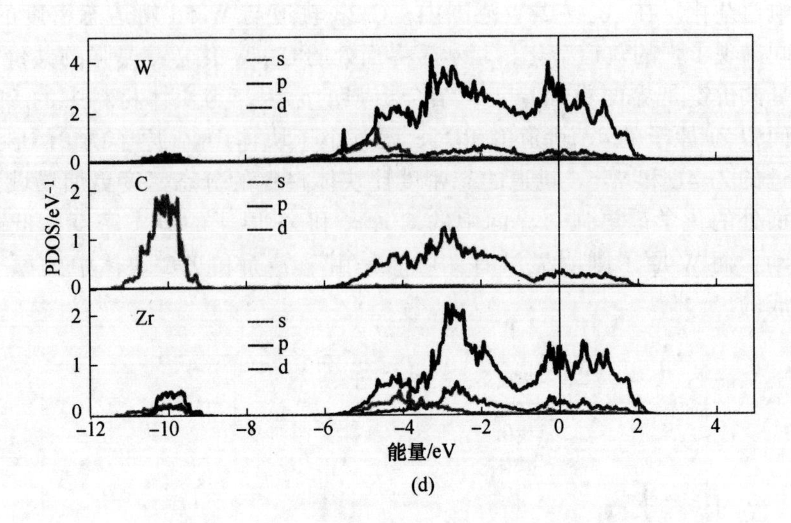

图 3-10 ZrC(110)$_C$/W(100)与 ZrC(200)$_C$/W(100)界面处的 W 原子、C 原子和 Zr 原子的分态密度，及相应原子在 W 块体和 ZrC 块体里的分态密度

（竖直线表示的是费米能级）

（a）界面和 ZrC 块体里的 C 原子的 C 2s 轨道和 C 2p 轨道的态密度；

（b）界面和 ZrC 块体里的 Zr 4d 轨道的态密度；

（c）界面和 W 块体里的 W 5d 轨道的态密度；

（d）ZrC(110)$_C$/W(100) 界面的分态密度

3.3.3 H 和 He 在界面的偏析和迁移

面向等离子体的第一壁材料（W）需要承受 H 和 He 等离子体的辐照，其与第一壁材料的相互作用影响着第一壁材料服役过程的性能表现。因此，有必要研究 H 和 He 在 W-ZrC 界面的扩散和偏聚。首先，使用 NEB 研究了 H 和 He 在 W 块体和 ZrC 块体里的扩散行为[48]。ZrC 块体模型采用的是 3×3×3 含有 216 个原子的超胞，W 块体采用的是 4×4×4 含有 128 个 W 原子的超胞。为了寻找 H/He 在块体中最有可能的扩散路径，需找到其最有可能占据的稳定位置，研究了 H 和 He 在不同间隙点（顶位、桥位、四面体间隙点、八面体间隙点等）的超胞能量。发现，H 和 He 占据 W 中四面体间隙位置（T-点）（见图 3-11（a））；在 ZrC 块体中，H 和 He 也占据四面体间隙位置（见图 3-11（b））。

H 和 He 在块体最有可能的扩散路径是从一个 T-点向其最近邻的 T-点（见图 3-12（e）和（f））扩散，在两个 T-点之间插入 5 个点，H 与 He 在 W 及 ZrC 块体里的扩散路径分别如图 3-12（a）和（c）所示，扩散路径的起点是标有数字“1”的位置，扩散路径的终点是标有数字“7”的位置。由图 3-12（b）知，H 在块体 W 里的扩散势垒是 0.21eV，与已有的理论结果（0.22eV）吻合得很

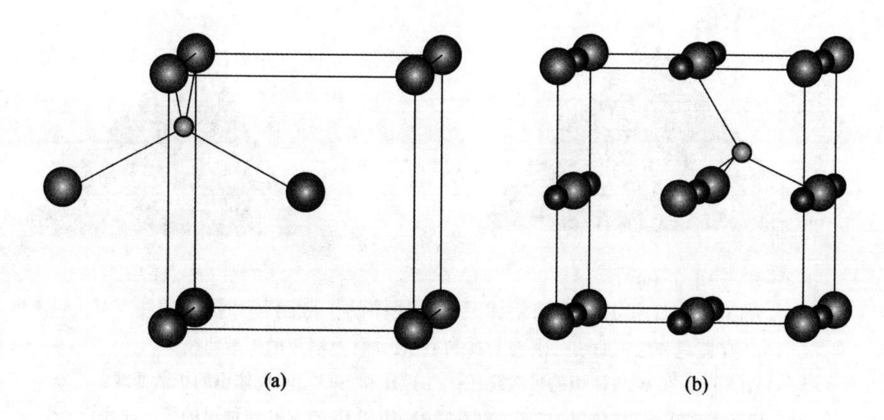

图 3-11 H 和 He 在块体的最稳定四面间隙点示意图
（粉色实心球表示四面体间隙点）
（a）块体 W；（b）块体 ZrC

好[49-50]；He 在块体 W 中的扩散势垒是 0.08eV，也与其他研究者的结果（0.07eV）一致[51-52]。由图 3-12（d）知，H 在 ZrC 里的扩散势垒是 0.27eV，He 的扩散势垒是 0.71eV，与已有的理论结果（0.77eV）吻合[53]。

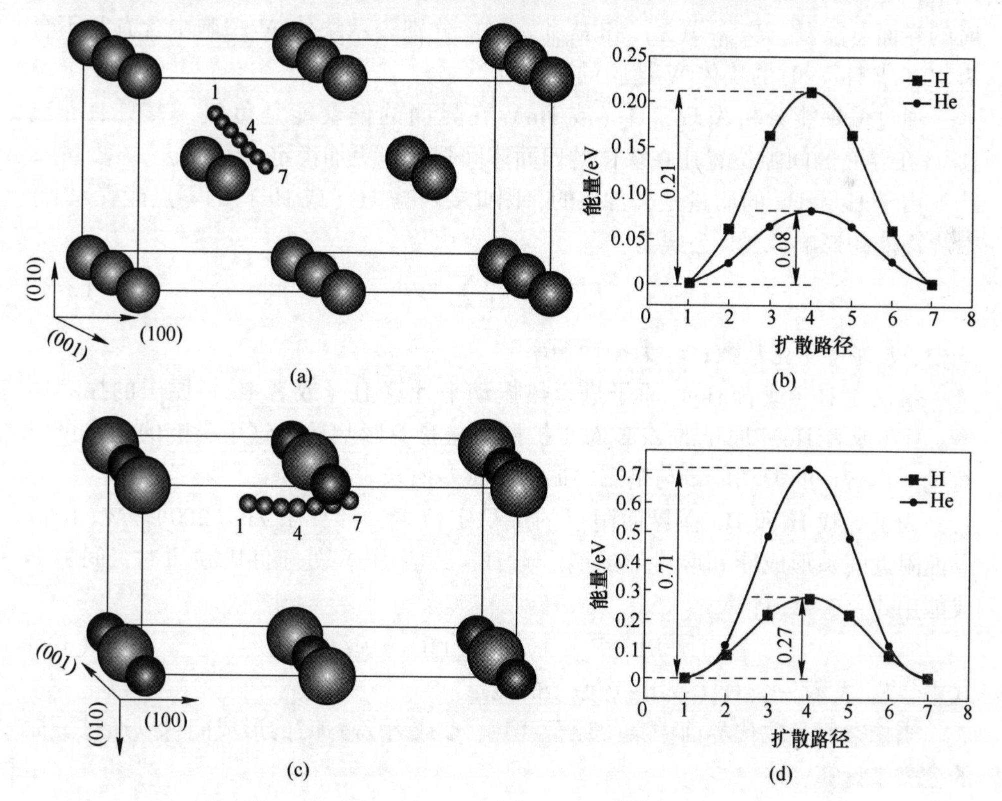

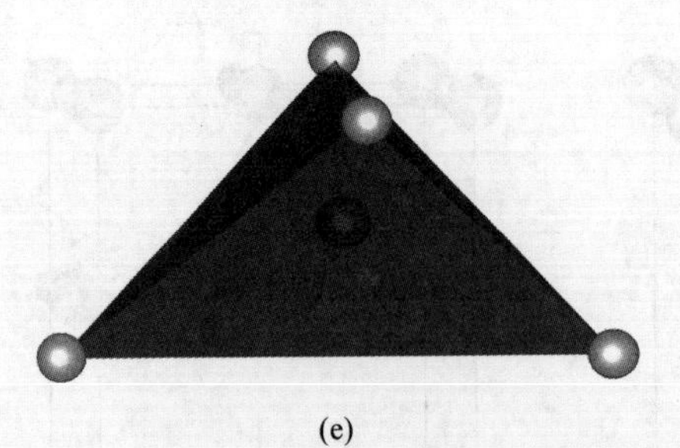

(e)

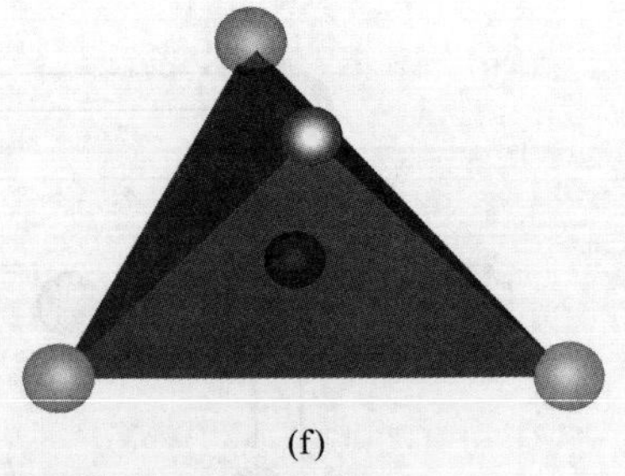

(f)

图 3-12 H 和 He 在 W 块体及 ZrC 块体的扩散路径和扩散曲线
（蓝色和红色曲线分别表示 H 和 He 在块体材料里的扩散曲线）
(a) H 和 He 在 W 块体里的扩散路径；(b) H 和 He 在 W 块体里的扩散曲线；
(c) H 和 He 在 ZrC 块体里的扩散路径；(d) H 和 He 在 ZrC 块体里的扩散曲线；
(e) 在块体 W 中 H/He 扩散占据的四面体间隙位置；
(f) 在块体 ZrC 中 H/He 扩散占据的四面体间隙位置

H 和 He 在共格的 $ZrC(200)_C/W(100)$ 界面中的偏聚能可以用下面的公式计算。

$$E_{seg} = E_{int}^{tot}(X) - E_{int}^{tot}(0) - [E_{bulk,\ W}(X) - E_{bulk,\ W}(0)] \tag{3-7}$$

式中，$E_{int}^{tot}(X)$ 和 $E_{int}^{tot}(0)$ 分别表示界面中含有 H（或 He）及不含 H（或 He）时的界面总能量；$E_{bulk,W}(X)$ 和 $E_{bulk,W}(0)$ 分别表示块体 W 超胞中含有和不含有 H（或 He）时的块体 W 超胞的总能量。

通过偏聚能分析发现，H（或 He）在界面的偏聚能是负值，表明 H（或 He）在界面的间隙位置比在块体的四面体间隙位置更加稳定。

由于 H 和 He 的质量是非常小的，因此要考虑 H（或 He）的零点能（ZPE）对界面能的影响，ZPE 公式为：

$$ZPE = 1/2 \sum_i \hbar\nu_i \tag{3-8}$$

式中，$\hbar$ 为普朗克常数；ν_i 为振动频率。

仅仅让 H（或者 He）原子进行热振动来计算 H（或者 He）原子的振动频率。H（或者 He）原子的 ZPE 对于扩散势垒是有影响的，这个影响的大小可以通过计算鞍点的振动能量与基态的振动能量差值来表示。

为了寻找 H 和 He 在界面附近的最稳定位置，计算了 $ZrC(200)_C/W(100)$ 界面附近间隙形成能和取代形成能。当 H（或者 He）处于间隙位置时，间隙形成能用式（3-9）计算。

$$E_f = E_{tot}(X) - E_{tot}(0) - E_F \tag{3-9}$$

式中，E_F 表示一个 H（或 He）原子的能量。

当掺杂原子取代界面中某个原子（W、C 或者 Zr）时的形成能可以通过下面的公式来计算：

$$E_f = E_{tot}(X) - E_{tot}(0) + E_X - E_F \tag{3-10}$$

式中，E_X 为某个被取代原子（W、C 或者 Zr）的块体能量。因为从 ZrC(200)$_C$/W(100) 界面的电荷密度和差分电荷发现受影响的仅是靠近界面处的 1~2 层原子，所以仅考虑了靠近界面的第一层和第二层中的 W、C 或者 Zr 被 H（或者 He）取代时的形成能。具体的取代位置和间隙位置如图 3-13 所示，标有 I1~I5 的位置是 H（或者 He）的间隙位置，标有 S1~S6 的位置是 H（或者 He）取代界面中某个原子（W、C 或者 Zr）的取代位置。我们计算了不考虑零点能纠正及考虑零点能纠正两种情况下的形成能（结果见表 3-5），包括 5 个间隙位置

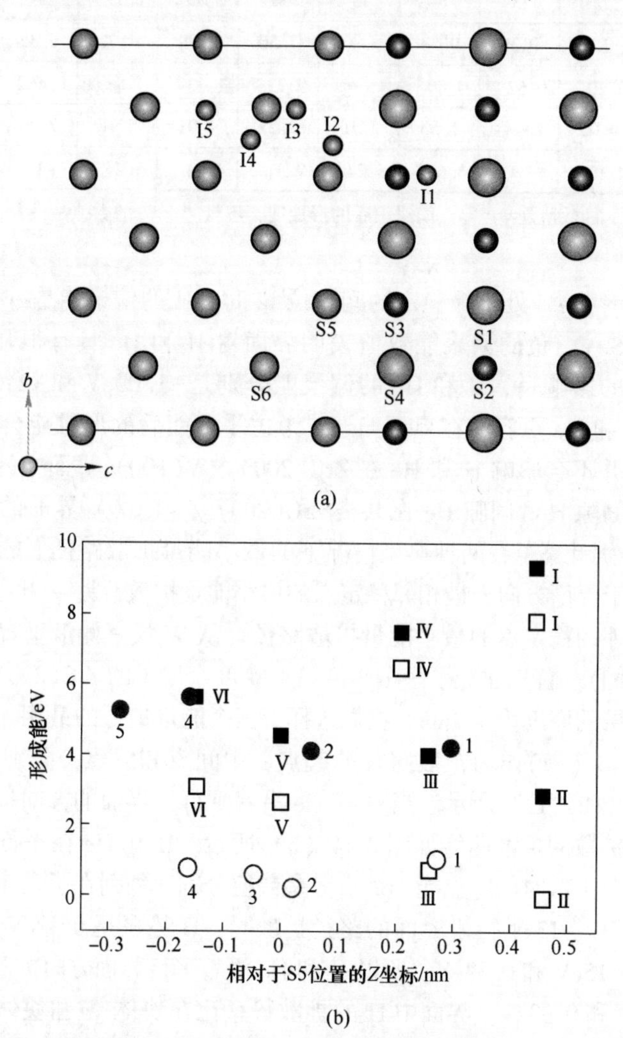

图 3-13 H 和 He 在结构优化后的界面中存在的可能的偏聚位置(a)和对应的形成能(b)
（较小的标有 I1~I5 的蓝色实心球表示 5 个不同的间隙点，S1~S6 表示 6 个不同的取代位置原子，在 S3 与 S5 之间垂直于其连线方向是界面的位置）

(I1~I5) 及 6 个取代位置 (S1~S6) 的形成能。在 5 个间隙位置中，当 H 在 I2 间隙位置时的形成能最小，为-0.03eV；而 He 也是处于 I2 间隙位置时的形成能最小，为 4.02eV，与 He 处于取代位置 S2 (取代 C 原子) 时的形成能大小差不多，这与纯 W 晶界中的研究结果吻合得很好[54]。当考虑到零点能对 H (或者 He) 形成能的影响时，发现间隙位和取代位的形成能有少许的增加，但是对于 H (或者 He) 的最稳定间隙位 (或者取代位) 确定没有影响。

表 3-5 H 和 He 在 I1~I5 及 S1~S6 位置不考虑和考虑零点能的形成能 (eV)

位置	I1	I2	I3	I4	I5	S1	S2	S3	S4	S5	S6
H	0.81	-0.03	0.39	0.54	—	7.50	0.99	1.72	6.32	2.46	3.03
	1.11*	0.20*	0.62*	0.80*	—	7.73*	1.13*	1.88*	6.46*	2.63*	3.11*
He	4.13	4.02	—	5.53	5.16	9.22	4.01	5.18	7.40	4.48	5.56
	4.26*	4.12*	—	5.63*	5.24*	9.31*	4.04*	5.24*	7.49*	4.56*	5.63*

注：带有“*”的数值是考虑零点能纠正后的形成能，不带“*”的数值是没考虑零点能纠正情况下的形成能。

当 H (或者 He) 处于最稳定的间隙位 I2 时，H 的偏聚能是-0.97eV，He 的偏聚能是-2.03eV。负的偏聚能数值表明界面对 H 和 He 具有很强的捕获能力。考虑到零点能的影响后，H 和 He 的偏聚能分别是-1.00eV 和-2.03eV，偏聚能的结果表明 H 和 He 更容易在界面偏聚。考虑零点能后的形成能会有所变化，但考虑零点能后并不会影响 H 和 He 在 $ZrC(200)_C/W(100)$ 界面中的偏聚行为。

为了研究间隙 H 和间隙 He 在共格 $ZrC(200)_C/W(100)$ 界面的扩散行为，采用 NEB 方法分别计算了在两种典型情况下的最小能量扩散路径上的扩散规律。第一个是在平行于界面方向上最相邻稳定点的最小能量扩散，另一个是在垂直于界面方向上的最相邻的稳定点的最小能量扩散路径 (从 W 板一侧沿垂直方向穿过界面到达 ZrC 板一侧)。首先建立了一个 3×3×3 含 298 个原子的 $ZrC(200)_C/W(100)$ 界面超胞，真空层的厚度为 1.2nm。我们选择了三个能量最低的最相邻的三个稳定间隙点 (见图 3-14 (e)) 作为扩散路径的起点、中间点和终点，分别如图 3-14 (a) 中的“1”“7”和“13”所示。当 H 和 He 沿着平行于界面的方向扩散时，沿平行界面方向路径扩散的扩散曲线如图 3-14 (b) 所示。H 和 He 在平行于界面方向和垂直于界面方向扩散时的零点能和扩散势垒数值分别详细列在了表 3-6 和表 3-7 中。当 H 沿着从 1→7→13 平行于界面的路径扩散时，H 势垒是 0.37eV 和 0.27eV，而 He 的势垒是 0.15eV 和 0.33eV。所以 H 和 He 沿着平行界面方向扩散时的扩散势垒分别是 0.37eV 和 0.33eV。界面中 H 的扩散势垒比在块体 W 和块体 ZrC 里的扩散势垒 (0.21eV 和 0.27eV) 都高；界面中 He 的扩散势垒比块体 W 里的扩散势垒 (0.08eV) 高，但是比 ZrC 块体中的扩散势垒 (0.71eV) 低很多。H 和 He 的扩散势垒比它们在界面的偏聚能低得多，这就说明 H 和 He 很容易在界面处聚集[55]。

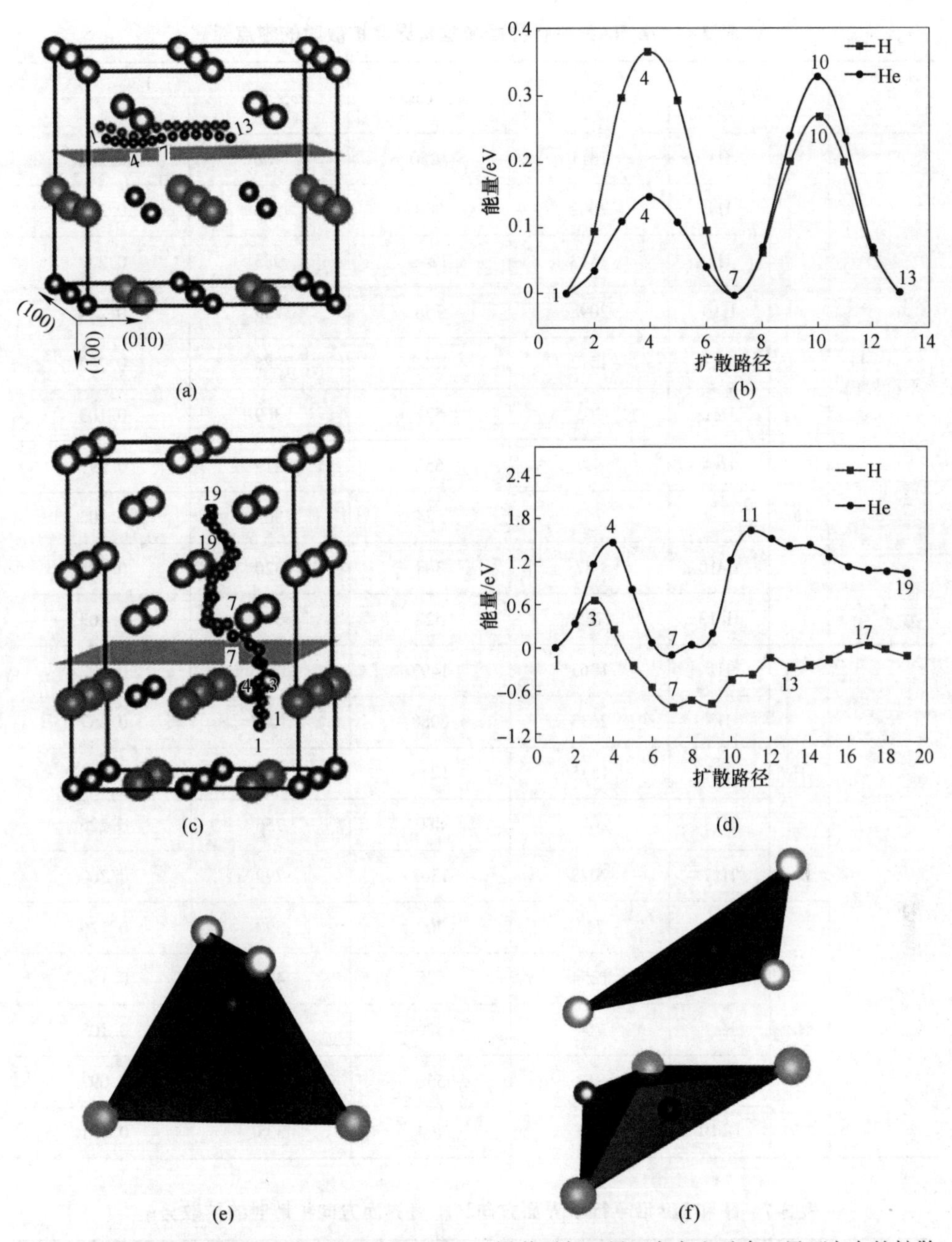

图 3-14 在 ZrC(200)$_C$/W(100)界面中，H 和 He 沿着平行于界面方向和垂直于界面方向的扩散

(图中的蓝色实心球代表 H 原子，红色实心球代表 He 原子。灰色的平行四边形表示界面的位置)

(a) H 和 He 在界面处的稳定间隙点位置及其平行于界面的扩散路径(从 1→13)；

(b) H 和 He 平行于界面的扩散曲线；

(c) H 和 He 在垂直于界面方向上 W(或 ZrC)侧的稳定间隙点及其扩散路径(从 1→19)；

(d) H 和 He 在垂直于界面方向上方向的扩散曲线；

(e) 平行界面扩散时 H/He 占据的四面体位置；

(f) 沿垂直界面方向扩散时，在 W 和 ZrC 则 H/He 占据的四面体位置

表 3-6 H/He 沿平行界面和垂直界面扩散时的零点能

方向	位置		$\omega_x/\mathrm{cm}^{-1}$	$\omega_y/\mathrm{cm}^{-1}$	$\omega_z/\mathrm{cm}^{-1}$	$\frac{1}{2}\sum_i \omega_i/\mathrm{eV}$
平行界面	H	H1	1511	1250	986	0. 232
		H4	2062	868	596	0. 219
		H7	1513	1248	985	0. 232
		H10	2098	758	759	0. 224
		H13	1512	1252	986	0. 232
	He	He1	765	522	369	0. 103
		He4	697	652	219	0. 097
		He7	763	524	369	0. 103
		He10	887	304	320	0. 094
		He13	765	522	368	0. 103
垂直界面	H	H1	1965	1497	1406	0. 302
		H3	2633	2088	1037	0. 357
		H7	1515	1245	985	0. 232
		H13	2011	880	756	0. 226
		H17	2028	1363	799	0. 260
	He	He1	743	702	590	0. 126
		He4	1254	928	414	0. 161
		He7	764	520	369	0. 103
		He11	818	550	191	0. 097
		He19	567	404	335	0. 081

表 3-7 H 和 He 沿平行于界面方向和垂直界面方向扩散时的扩散势垒 (eV)

路径	平行界面		垂直界面			
	1→7	7→13	1→7	7→1	7→19	19→7
H	0. 37	0. 27	0. 69	1. 53	0. 72	0. 30
	0. 36*	0. 26*	0. 75*	1. 66*	0. 75*	0. 33*

续表 3-7

路径	平行界面			垂直界面		
	1→7	7→13	1→7	7→1	7→19	19→7
He	0.15	0.33	1.45	1.55	1.72	0.58
	0.15*	0.32*	1.48*	1.61*	1.72*	0.60*

注：带有“*”的扩散势垒是考虑了零点能纠正后的数值，不带“*”的扩散势垒是没有考虑零点能纠正的数值。

对于H和He在垂直于界面方向的扩散路径比较复杂。我们寻找了一个最小的能量路径，这个路径连接了图中类块体ZrC板（slab）里的间隙点“1”和类块体的W板（slab）的间隙点“19”，路径经过界面处的间隙点“7”，实际扩散路径如图3-14（c）所示。当H和He沿着从类块体ZrC板（slab）一侧往界面扩散时，H从间隙点“1”经过间隙点“3”到界面位置“7”，H的扩散势垒是0.69eV，He从间隙点“1”经过间隙点“4”到界面位置“7”，He的扩散势垒是1.45eV（见表3-7）；反过来，H和He经过相同的路径从界面往类块体ZrC板扩散时，H和He需要克服的扩散势垒分别是1.53eV和1.55eV，反向的扩散势垒显然更高。对于H和He从界面到类块体W板方向的扩散（即从7→19），H的扩散势垒是0.72eV，He的扩散势垒是1.72eV（见表3-7）；如果反过来从类块体W板（slab）一侧往界面扩散，H和He需要克服较小的扩散势垒（分别为0.30eV和0.58eV）就可以实现。总之，从两侧的W板和ZrC板向界面方向扩散易于从界面向两侧板（W板或ZrC）扩散，说明H和He一旦偏聚到界面，则倾向于沿平行界面方向扩散，较难出现垂直界面方面的扩散。由于H和He的原子质量很小，所以应该考虑了零点能纠正后的扩散势垒（见表3-7中带“*”的数值，每个位置的H/He的零点能见表3-6）。由表3-7可知，ZPE对H和He沿着平行界面扩散势垒数值影响在0~0.01eV范围内；但是，对沿着垂直于界面方向扩散势垒影响在0~0.13eV范围。总之，零点能对沿着垂直于界面方向的扩散势垒影响较大，对平行界面方向的扩散势垒影响较小。

H、He在界面的扩散势垒表明在一定的条件下，比如高温或者等离子辐照时，W基中的H和He只需要克服较小的势垒就可以扩散到界面，所以它们很容易在界面偏聚。但是H和He脱离界面回到W或者ZrC里的概率就很低了，因为它们需要克服更高的势垒才能实现[56]。因此，对于H和He沿着垂直界面方向的扩散，界面成了它们扩散路径上的一个障碍。然而，通过对比H和He在平行和垂直界面两个方向上的扩散势垒发现，H和He在平行于界面方向的扩散势垒比垂直方向的扩散势垒小得多。实际上H、He更倾向沿着平行于界面的方向扩散。因此，W-ZrC合金界面中的H或He可以通过热脱附逃离界面，这就解释了在低能高通量氘等离子辐照下，在具有多尺度界面微观结构的 W-ZrC 合金材料中，为什么 H 的滞留率比纯 W 的低[57]。

3.4 本章小结

我们利用基于密度泛函的第一性原理，首先研究了单独的 W 和 ZrC 表面的收敛性与表面层数及真空层厚度的关系，找到了类块体的 W 和 ZrC 表面结构对应的最小层数分别是 15 和 9，最小真空层厚度为 1.2nm；其次，研究了 12 个不同的 W/ZrC 界面结构的稳定性和结合强度；再者，研究了 H 和 He 在 $ZrC(200)_C$/W(100) 界面沿着平行界面方向和垂直界面方向的扩散。本章的主要研究结果可以总结为以下几点：

（1）所有 12 个界面中，共格的 $ZrC(200)_C$/W(100) 界面的界面能最低，所以这个界面是最稳定，与实验上观察到的结果高度一致。

（2）通过共格的 $ZrC(200)_C$/W(100) 界面的电子结构分析发现，界面处形成的强的 C—W 化学键兼有共价键和离子键的特点。这就是界面稳定性和结合强的原因。

（3）研究发现，H 和 He 在 $ZrC(200)_C$/W(100) 界面的偏聚能分别是 -0.97eV 和 -2.03eV，说明界面对 H 和 He 有很强的捕获力。

（4）通过 H 和 He 在界面的 NEB 研究发现，H 和 He 在平行于界面方向的扩散势垒比垂直方向的扩散势垒小得多。表明 H 和 He 实际上倾向于沿着平行界面的方向扩散。零点能对垂直方向上的扩散势垒的影响大于对平行方向的扩散势垒的影响。

（5）本研究工作对不仅有助于清晰了解 W-ZrC 合金中的界面特性，还有助于进一步理解辐照环境下界面对于 H 和 He 扩散行为的影响。

参考文献

[1] CAUSEY R, WILSON K, VENHAUS T, et al. Tritium retention in tungsten exposed to intense fluxes of 100eV tritons [J]. J. Nucl. Mater., 1999, 266-269: 467-471.

[2] RIETH M, DUDAREV S L, GONZALEZ de Vicente S M, et al. Recent progress in research on tungsten materials for nuclear fusion applications in Europe [J]. J. Nucl. Mater., 2013, 432: 482-500.

[3] PHILIPPS V. Tungsten as material for plasma-facing components in fusion devices [J]. J. Nucl. Mater., 2011, 415: S2-S9.

[4] WECHSLER M S, LIN C, SOMMER W F, et al. Radiation effects in materials for accelerator-driven neutron technologies [J]. J. Nucl. Mater., 1997, 244: 177-184.

[5] NEMOTO Y, HASEGAWA A, SATOU M, et al. Microstructural development of neutron

irradiated W-Re alloys [J]. J. Nucl. Mater., 2000, 283-287: 1144-1147.

[6] KURISHITA H, ARAKAWA H, MATSUO S, et al. Development of nanostructured tungsten based materials resistant to recrystallization and/or radiation induced embrittlement [J]. Mater. Trans., 2013, 54: 456-465.

[7] XIE Z M, LIU R, MIAO S, et al. High thermal shock resistance of the hot rolled and swaged bulk W-ZrC alloys [J]. J. Nucl. Mater., 2016, 469: 209-216.

[8] KURISHITA H, MATSUO S, ARAKAWA H, et al. Development of re-crystallized W-1.1%TiC with enhanced room-temperature ductility and radiation performance [J]. J. Nucl. Mater., 2010, 398: 87-92.

[9] JIN N, YANG Y Q, LUO X, et al. First-principles calculation of W/WC interface: Atomic structure, stability and electronic properties [J]. Appl. Surf. Sci., 2015, 324: 205-211.

[10] FINNIS M W. The theory of metal-ceramic interfaces [J]. J. Phys.: Condens. Matter, 1996, 8: 5811-5836.

[11] LUO A, JACOBSON D L, SHIN K S. Solution softening mechanism of iridium and rhenium in tungsten at room temperature [J]. Refract. Met. Hard Mater., 1991, 10: 107-114.

[12] MUTOH Y, ICHIKAWA K, NAGATA K, et al. Effect of rhenium addition on fracture toughness of tungsten at elevated temperatures [J]. J. Mater. Sci., 1995, 30: 770-775.

[13] WURSTER S, GLUDOVATZ B, PIPPAN R. High temperature fracture experiments on tungsten-rhenium alloys, Int. J. Refract. Met. Hard Mater., 2010, 28: 692-697.

[14] ISHIJIMA Y, KANNARI S, KURISHITA H, et al. Processing of fine-grained W materials without detrimental phases and their mechanical properties at 200-432K [J]. Mater. Sci. Eng. A, 2008, 473: 7-15.

[15] LU K, LU L, SURESH S. Strengthening materials by engineering coherent internal boundaries at the nanoscale [J]. Science, 2009, 324: 349-352.

[16] SONG G M, WANG Y J, ZHOU Y. Thermomechanical properties of TiC particle-reinforced tungsten composites for high temperature applications [J]. Int. J. Refract. Met. Hard Mater., 2003, 21: 1-12.

[17] XIE Z M, LIU R, MIAO S, et al. Extraordinary high ductility/strength of the interface designed bulk W-ZrC alloy plate at relatively low temperature [J]. Sci. Rep., 2015, 5: 16014.

[18] ZHANG S M, WANG S, LI W, et al. Microstructure and properties of W-ZrC composites prepared by the displacive compensation of porosity (DCP) method [J]. J. Alloys Compd., 2011, 509: 8327-8332.

[19] YANG J X, CHEN L, FAN J L, et al. Doping of helium at Fe/W interfaces from first principles calculation [J]. J. Alloys Compd., 2016, 686: 160-167.

[20] WANG J W, FAN J L, GONG H R. Effects of Zr alloying on cohesion properties of Cu/W interfaces [J]. J. Alloys Compd., 2016, 661: 553-556.

[21] DANG D Y, SHI L Y, FAN J L, et al. First-principles study of W-TiC interface cohesion [J]. Surf. Coat. Technol., 2015, 276: 602-605.

[22] WANG H Y, ZHANG S, LI D J, et al. The simulation of adhesion, stability, electronic structure of W/ZrB_2 interface using first-principles [J]. Surf. Coat. Technol., 2013, 228:

S583-S587.

[23] KURISHITA H, AMANO Y, KOBAYASHI S, et al. Development of ultra-fine grained W-TiC and their mechanical properties for fusion applications [J]. J. Nucl. Mater., 2007, 367: 1453-1457.

[24] FINNIS M W, KRUSE C, SCHÖNBERGER U. Ab initio calculations of metalceramic interfaces what have we learned what can we learn [J]. Nanostruct. Mater., 1995, 6: 145-155.

[25] QIAN J, WU C Y, GONG H R, et al. Cohesion properties of W-ZrC interfaces from first principles calculation [J]. J. Alloys Compd., 2018, 768: 387-391.

[26] KRESSE G, FURTHMÜLLER J. Efficient iterative schemes for ab initio total-energy calculations using a plane-wave basis set [J]. Phys. Rev. B, 1996, 54: 1169-1186.

[27] KRESSE G, HAFNER J. Ab initiomolecular dynamics for liquid metals [J]. Phys. Rev. B, 1993, 47: 558-561.

[28] PERDEW J P, CHEVARY J A, VOSKO S H, et al. Atoms, molecules, solids, and surfaces: Applications of the generalized gradient approximation for exchange and correlation [J]. Phys. Rev. B, 1992, 46: 6671-6687.

[29] PERDEW J P, BURKE K, ERNZERHOF M, Generalized gradient approximation made simple, Phys. Rev. Lett., 1996, 77: 3865-3868.

[30] CHADI D. SPECIAL J. Points for Brillouin-zone integrations [J]. Phys. Rev. B, 1977, 16: 1746-1747.

[31] WEI C, REN Q Q, FAN J L, et al. Cohesion properties of W/La_2O_3 interfaces from first principles calculation [J]. J. Nucl. Mater., 2015, 466: 234-238.

[32] YANG X Y, LU Y, ZHANG P. First-principles study of native point defects and diffusion behaviors of helium in zirconium carbide [J]. J. Nucl. Mater., 2015, 465: 161-166.

[33] MÉÇABIH S, AMRANE N, NABI Z, et al. Description of structural and electronic properties of TiC and ZrC by generalized gradient approximation [J]. Phys. A, 2000, 285: 392-396.

[34] BIRCH F. Finite elastic strain of cubic crystals [J]. Phys. Rev., 1947, 71: 809-824.

[35] LIU L M, WANG S Q, YE H Q. First-principles study of polar Al/TiN (111) interfaces [J]. Acta Mater., 2004, 52: 3681-3688.

[36] WANG H L, TANG J J, ZHAO Y J, et al. First-principles study of Mg/Al_2MgC_2 heterogeneous nucleation interfaces [J]. Appl. Surf. Sci., 2015, 355: 1091-1097.

[37] ZHUO Z M, MAO H K, XU H, et al. Density functional theory study of Al/NbB_2 heterogeneous nucleation interface [J]. Appl. Surf. Sci., 2018, 456: 37-42.

[38] LEE S J, LEE Y K, SOON A. The austenite/ε martensite interface: A first-principles investigation of the fcc Fe(111)/hcp Fe(0001) system [J]. Appl. Sur. Sci., 2012, 258: 9977-9981.

[39] JIANG Q, LU H M, ZHAO M. Modelling of surface energies of elemental crystals [J]. J. Phys.: Condens. Matter, 2004, 16: 521-530.

[40] ARYA A, CARTER E A. Structure, bonding, and adhesion at the ZrC (100)/Fe (110) interface from first principles [J]. Surf. Sci., 2004, 560: 103-120.

[41] LIU L M, WANG S Q, YE H Q. First-principles study of metal/nitride polar interfaces: Ti/TiN

[J]. Surf. Interface Anal., 2003, 35: 835-841.

[42] BATYREV I G, ALAVI A, FINNIS M W. Equilibrium and adhesion of Nb/sapphire: The effect of oxygen partial pressure [J]. Phys. Rev. B, 2000, 62: 4698-4706.

[43] JIN N, YANG Y Y, LUO X, et al. Theoretical calculations on the adhesion, stability, electronic structure and bonding of SiC/W interface [J]. Appl. Sur. Sci., 2014, 314: 896-905.

[44] NAGAO K, NEATON J B, ASHCROFT N W. First-principles study of adhesion at Cu/SiO_2 interfaces [J]. Phys. Rev. B, 2003, 68: 125403.

[45] SIEGEL D J, HECTOR L G, ADAMS J B. Adhesion, atomic structure, and bonding at the Al(111)/α-Al_2O_3 (0001) interface: A first principles study [J]. Phys. Rev. B, 2002, 65: 084515.

[46] KRAWITZ A D, REICHEL D G, HITTERMAN R. Thermal expansion of tungsten carbide at low temperature [J]. J. Am. Ceram. Soc., 1989, 72: 515-517.

[47] REN Q Q, DANG D Y, GONG H R, et al. Cohesion properties of carbon-tungsten interfaces [J]. Carbon, 2015, 83: 100-105.

[48] MILLS G, JÓNSSON H, SCHENTER G K. Reversible work transition state theory application todissociative adsorption of hydrogen [J]. Surf. Sci., 1995, 324: 305-337.

[49] KONG X S, WANG S, WU X B, et al. First-principles calculations of hydrogen solution and diffusion in tungsten: Temperature and defect-trapping effects [J]. Acta Mater., 2015, 84: 426-435.

[50] HEINLOA K, AHLGREN T. Diffusion of hydrogen in bcc tungsten studied with first principle calculations [J]. J. Appl. Phys., 2010, 107: 113531.

[51] WU X B, KONG X S, YOU Y W, et al. Effects of alloying and transmutation impurities on stability and mobility of helium in tungsten under a fusion environment [J]. Nucl. Fusion, 2013, 53: 073049.

[52] YANG L, LIU H K, ZU X T. First-principles study of the migration of helium in tungsten [J]. Int. J. Mod. Phys. B, 2009, 23: 2077-2082.

[53] YANG X Y, LU Y, ZHANG P. The temperature-dependent diffusion coefficient of helium in zirconium carbide studied with first-principles calculations [J]. J. Appl. Phys., 2015, 117: 164903.

[54] ZHOU H B, LIU Y L, ZHANG Y, et al. First-principles investigation of energetics and site preference of He in a W grain boundary [J]. Nucl. instrum. Methods Phys. Res. B, 2009, 267: 3189-3192.

[55] ZHOU H B, LIU Y L, JIN S, et al. Investigating behaviours of hydrogen in a tungsten grain boundary by first principles: from dissolution and diffusion to a trapping mechanism [J]. Nucl. Fusion, 2010, 50: 025016.

[56] STEFANO D D, MROVEC M, ELSÄSSER C. First-principles investigation of hydrogen trapping and diffusion at grain boundaries in nickel [J]. Acta Mater., 2015, 98: 306-312.

[57] LIU R, XIE Z M, YANG J F, et al. Recent progress on the R&D of W-ZrC alloys for plasma facing components in fusion devices [J]. Nucl. Mate. Energy, 2018, 16: 191-206.

4 碳化物弥散和杂质对钨合金界面性能影响

4.1 概　述

添加第二相弥散颗粒成为提高金属材料力学性能的一个重要方法[1]。异质界面结构和能量在材料设计及其使用寿命的预测上有着十分重要的作用[2]。一方面，材料中的共格/半共格界面结构有利于提高界面的结合强度[2]。同时，细小的沉淀颗粒可以看作钉扎颗粒抑制晶粒的长大。沉淀颗粒能否存在很大程度上取决于界面能[3]。如果界面能越大，则形成界面的驱动力越小，晶粒越易长大。另一方面，弥散的细晶材料具有高密度的界面，这些高密度的界面能够作为缺陷的捕获区，高密度界面能提高材料的抗辐照能力[4]。一个典型的弥散强化的例子是：NaCl 结构的过渡金属 TM/C(TM/N)（TM=Mo，Nb，Ti，Zr，Hf，V）弥散强化 Fe，从而提高 Fe 的力学性能和抗氢脆能力[2-3, 5]。

近几年，金属 W 由于具有高的熔点和低的溅射额等非常好的物理性能而备受关注，被认为是未来聚变反应堆中首选的等离子体材料（PFMs）[6-7]。为了克服室温下纯 W 的脆性，利用氧化物/碳化物的弥散强化来研发先进的纳米钨合金，比如：W-TiC 合金，W-TaC 合金，W-ZrC 合金和 W-Y_2O_3 合金[8]。制备出来的 W-TiC 合金和 W-ZrC 合金室温下具有高的断裂强度、非常好的塑性、好的抗中子辐照性能和抗热负荷性能[9-10]。在低通量 $10^{22}(m^2 \cdot s)^{-1}$ 和低剂量 $4.5\times10^{26}\,m^{-2}$ 下，W-TiC 合金样品中的 D 滞留量比纯 W 中的 D 的滞留量低[11]。但是在高通量 $10^{23}(m^2 \cdot s)^{-1}$ 和高剂量 $4.5\times10^{26}\,m^{-2}$ 下，W-TiC/TaC 合金低温下 D 的滞留量明显高于纯 W 中的 D 滞留量[12]。对选择的区域通过电子衍射和高分辨透射电子显微镜分析[9, 13]发现，弥散颗粒-基体的相界在 W(110) ∥ TiC(200) 或 W(110) ∥ ZrC(200) 方向具有共格结构。这一发现说明体心立方金属与氯化钠结构的碳化物遵循 Baker-Nutting（B-N）取向关系[5, 14-15]而不是已经公布的 Kurdjumov-Sachs（K-S）取向关系。另外，在服役和制造过程中，像 H、He、N 和 O 这些杂质原子很容易在界面偏聚，导致材料的力学性能下降[16-17]。因此，了解界面的稳定性和结合强度，以及界面和杂质原子的相互作用，对于通过界面设计开发先进的 W 材料至关重要。

对于金属/纳米碳化物界面，很难通过实验方法获取界面结构关键的微观信息，比如：界面能、界面的化学键性质和电子结构。基于密度泛函理论（DFT）的第一性原理计算[1, 18-21]在预测材料的性质方面被认为是一个非常可靠的理论手段。研究者利用第一性原理对体心立方结构 Fe/NaCl 结构材料界面进行了广泛的研究[3, 5, 15, 22-25]。通过对 Fe 和过渡金属碳化物组成的共格和半共格界面研究发现，共格的 Fe（100）/Ti（100）界面的界面能比半共格的 Fe(110)/Ti（100）界面的界面能更低，所以 Fe(100)/Ti(100) 界面更加稳定。然而，目前对于 W 和过渡金属碳化物之间的界面的研究的公开报道还比较少。研究发现，界面能更低的半共格 W(110)/TiC(100) 界面热力学稳定更好。同时也发现完全共格的 W(100)/TiC(100) 界面的界面强度更高[26]。此外，与其他界面相比，W(110)/ZrC(111) 界面的 W—C 键更强[27]。最新研究发现，共格的 ZrC(200)/W(100) 界面的界面能在所有界面中最低，所以此界面是最稳定的界面[28]。然而由于没有考虑界面中应变能的影响，因此得到的界面能不够准确。另外，对于 W 掺杂碳化物的情况下，H 和 He 在界面的滞留机理还不清楚，这对于预测极端运行环境下 H 的循环和滞留非常重要。因此，需要进一步地研究界面能与应变能及电子结构的关系，以及轻的掺杂元素（如 H 和 He）在界面的偏聚与界面能的关系。

为了揭示稳定的界面结构与轻的掺杂元素之间的关系，采用基于密度泛函的第一性原理研究了 W 和过渡金属碳化物（TMX = MoC，TiC，ZrC，HfC 和 VC）组成的界面及掺杂元素（如 H，He，Li，Be，C，N，O，S 和 P）后界面的性质。首先，通过计算共格和半共格界面的界面能来判断 W-TMC 界面的稳定性，也考虑了应变能对界面能的影响。其次，通过拉伸试验来评估界面的拉伸应力强度。然后，研究了杂质（如 H，He，Li，Be，C，N，O，S 和 P）在共格界面中的偏聚，预测界面对轻元素的捕获，检验杂质存在对界面结合强度的影响，结合界面的电子结构对界面结合强度做进一步的全面分析。最后，研究了碳化物颗粒的界面结构和临界半径及 W 掺杂碳化物时 H 的滞留规律。研究结果不仅与最新的实验结果一致，而且可以为设计先进的抗辐照 W 界面材料提供理论指导。

4.2 计算方法

本研究中采用的 DFT 框架下的 VASP[29-30] 软件包和 PAW[31] 赝势波函数。电子交换关联函数使用 GGA 框架下的 PW91[32-33]。对计算所需的截断能和 k 点网格密度都进行了收敛性测试。计算中截断能设置为 500eV。使用共轭梯度法对原子进行了结构弛豫，当原子的受力小于 0.01eV/nm 时结构优化结束。

优化后体心立方结构 W 的晶格常数是 0.3177nm，NaCl 结构的 HfC、TaC、TiC、ZrC、MoC 和 VC 的晶格常数分别是 0.4644nm、0.4478nm、0.4341nm、

0.4728nm、0.4383nm 和 0.4160nm，上述结果与已有的理论值和实验值都吻合得很好[3, 5, 34-35]。往 W 里添加少量的弥散碳化物（如 ZrC 和 TiC）可形成共格界面，共格界面是最简单的界面。在构建界面结构模型时，通常是对一个或两个相进行压缩或者拉伸来调整界面的晶格失配度，使得垂直于界面方向上的原子排成一条直线。对于半共格界面，构建界面时调整晶格常数一致需要产生非常大的应变能，可能通过形成一个位错来释放积累的弹性应力。研究主要集中在 Baker-Nutting 方向的 TMC(100)/W(100) 和 TMC(100)/W(110) 界面，对体心立方 W 和过渡金属碳化物形成的共格和半共格界面进行研究（见图 4-1）。

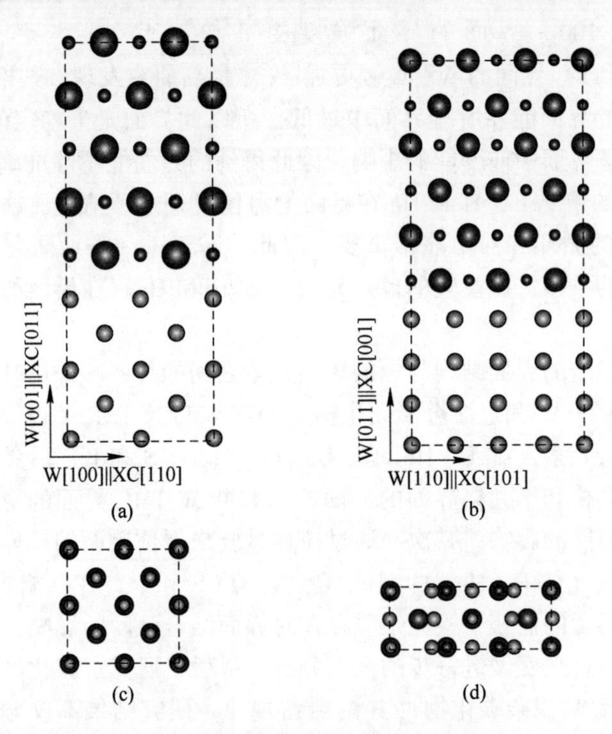

图 4-1 界面的原子结构示意图

（红色大球表示 Zr 原子，棕色小球表示 C 原子，蓝绿色中等球表示 W 原子）

（a）ZrC(100)/W(100) 界面的侧视图；（b）ZrC(100)/W(110) 界面的侧视图；（c）ZrC(100)/W(100) 界面的俯视图；（d）ZrC(100)/W(110) 界面的俯视图

为了使得到的研究结果更可靠，组成界面的两种材料板（slab）的厚度要足够大，界面内部的环境类似块体。通过比较界面超胞和块体超胞的分电荷态密度来确定不同的界面是否收敛。建立界面模型时，W(100)、W(110) 板是 13 层，TMC(100) 板是 9 层。我们考虑三种不同的类块体 TMC(100)/W(100) 共格界面，首先是 W 原子在 C 原子的上方的共格界面，其次是 W 原子在 TM 原子上方的界面，再就是 W 原子周围有 2 个最近邻的 C 原子和 TM 原子的桥位时的共格界面。

对W板（slab），每一层有4个W原子，TM板（slab）的每一层有4个C原子和4个TM原子。超胞布里渊区积分使用的k点是：6×6×1。对W在TM上方和桥位的初始界面模型进行结构弛豫，结构优化后变成了W均在C原子上方，表明W在C原子上方的结构比其他结构更稳定。用2倍的W(110)超胞和3倍的TMC(100)超胞组建TMC(100)/W(110)半共格界面，每层的W包有4个W原子，每层的TMC有3个TM原子和3个C原子。布里渊区积分使用的k点是5×15×1。

4.3 结　果

4.3.1 界面能

界面的稳定性可以用界面能来描述，界面能的数值越小说明界面越稳定，反之界面不稳定。界面能是从界面的总能量中减去所有单个相的总能量，计算公式是：

$$E_{\text{int}} = \frac{E_{\text{int}}^{\text{tot}} - E_{\text{W}}^{\text{bulk}} - E_{\text{TMC}}^{\text{bulk}}}{2S} \tag{4-1}$$

式中，$E_{\text{int}}^{\text{tot}}$表示界面的总能量；$E_{\text{W}}^{\text{bulk}}$和$E_{\text{TMC}}^{\text{bulk}}$分别表示与界面中的原子数相同的W和TMC的块体能量；S为界面的面积。

由于块体相的晶格常数不同，构建的异质界面中会有应变，因此界面中含有晶格失配产生的应变能[2,36]。含有应变能的界面能数值计算与保留的应变层数有关系。界面能需要根据应变的块体进行定义（见图4-2），为了定量描述应变部分对界面能的贡献，应变能定义为界面的总能量减去全优化后块体相的能量，其中块体相的晶格常数要与界面中的晶格常数相同。公式为：

$$E_{\text{S}} = \sum\nolimits_{i-\text{W},\ \text{TMC}} (E_{\text{S},\ i} - N_i E_i^{\text{bulk}}) \tag{4-2}$$

式中，$E_{\text{S},i}$是i相仅在z轴方向优化时的应变能，i相的原子数和平面晶格参数与界面模型里的相同；E_i^{bulk}是含有N_i个单元的块体i相的能量。

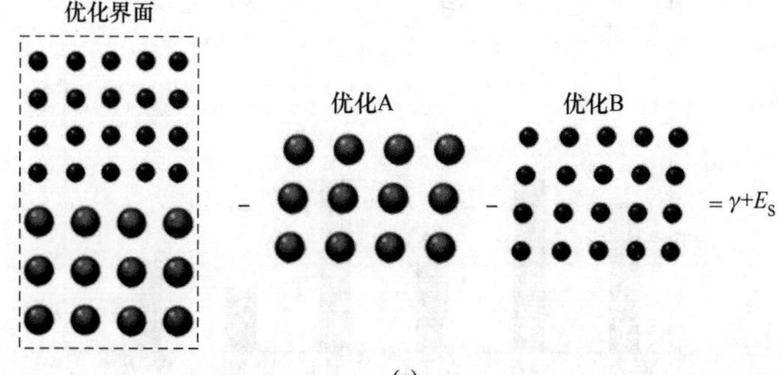

(a)

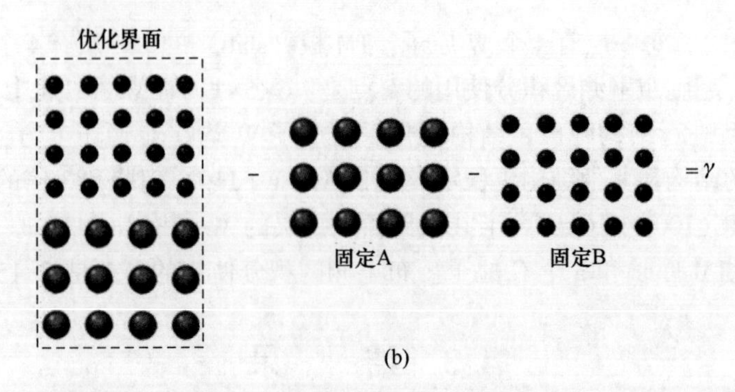

图4-2 优化后界面的界面能和应变能的总和减去优化后的A和B的总能量(a)和优化后界面的界面能减去应变的A和B的总能量(b)

图4-3列出了W与ZrC、TiC、TaC、HfC、MoC和VC组成界面的界面能。表4-1汇总了界面能和应变能的结果，以及优化的界面晶格常数。从表4-1可以看出，应变能与W和TMC超胞在界面的畸变关系很大。除去应变能的贡献后，TMC(100)/W(100)共格界面的界面能比半共格的TMC(110)/W(110)界面的界面能更低。意味着共格TMC(100)/W(100)界面更稳定，实际中很有可能出现这样的界面，这与实验中观察到的ZrC(100)/W(100)和TiC(100)/W(100)方向的共格界面是一致的[9,13]。需要指出的是，TaC(100)/W(100)、MoC(100)/W(100)和VC(100)/W(100)界面的E_{int}为负数意味着在界面处W与TaC/MoC/VC之间相互扩散。低的界面能和低的平衡C浓度可以有效地抑制材料制备过程中第二相的粗化[3]。因此，希望能够控制TaC、MoC和VC弥散体在W基里的尺寸。可是，目前实验上还没有关于钨基掺杂MoC和VC相关实验结果的公开报道。此外，ZrC(100)/W(100)界面具有较低的界面能0.31J/m^2，表明ZrC能够对W进行弥散强化。

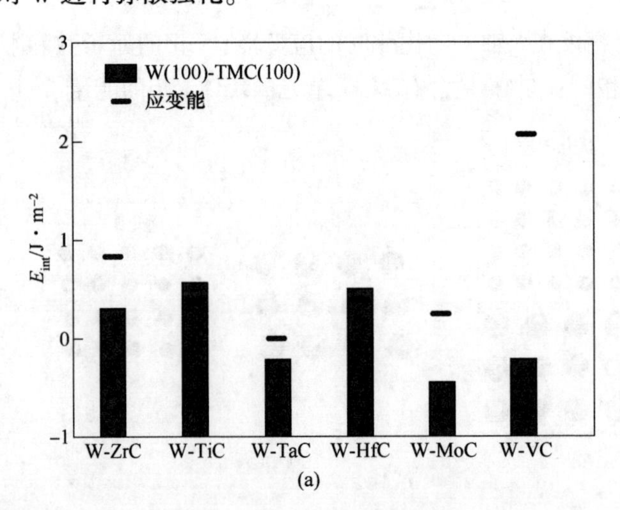

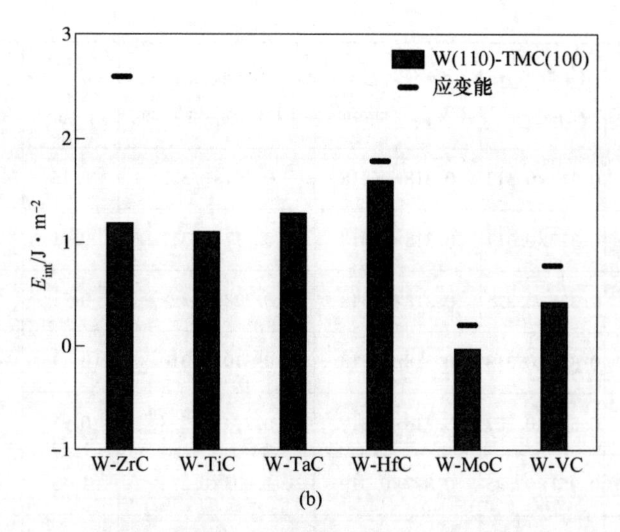

图 4-3 由纯 W 和 NaCl 结构的 ZrC、TiC、TaC、HfC、MoC 和 VC 构成的 W 与碳化物界面的界面能

(a) TMC(100)/W(100) 界面的界面能；(b) TMC(100)/W(110) 界面的界面能

得到的 W-ZrC 和 W-TiC 界面的界面能数值与已发表的结果[26-27]明显不一样，说明了应变能对界面能的重要贡献。此外，界面板（slab）的结构也会导致不同的结果，比如板（slab）的厚度和真空层的厚度。然而，TMC(100)/W(100) 界面的界面能比 TMC(100)/W(110) 界面的都低，意味着 TMC(100)/W(100) 界面是非常稳定的，因此实验中有可能观察到这类界面。研究结论与实验上观察到 ZrC(100)/W(100) 和 TiC(100)/W(100) 共格界面吻合得很好[9, 13]。

为了获得 TMC/W 界面稳定性的进一步信息，研究了界面的电子结构，进一步分析界面处原子的成键信息。利用界面的差分电荷来分析界面中原子周围的电荷变化。差分电荷 $\Delta\rho$ 的定义是：

$$\Delta\rho = \rho_{W} + \rho_{TMC} - \rho_{int} \tag{4-3}$$

式中，ρ_{int} 表示 TMC/W 界面总的电荷密度；ρ_{W} 表面从界面中移除 TMC 后的纯 W 的电荷密度；ρ_{TMC} 表示从界面中移除 W 后 TMC 的电荷密度。

负的电荷密度表示局部电子是减少的，正的电荷密度表示局部的电荷是增加的。

表 4-1 界面能 E_{int}，应变能 E_S，共格和半共格界面优化时的结构参数

界面	$(\boldsymbol{a}\times\boldsymbol{b})_{fixed}$ /nm×nm	$(\boldsymbol{a}\times\boldsymbol{b})_{relaxed}$ (W_{slab})/nm×nm	$(\boldsymbol{a}\times\boldsymbol{b})_{relaxed}$ (TMC_{slab})/nm×nm	$E_S^{(W)}$ /J·m^{-2}	$E_S^{(TMC)}$ /J·m^{-2}	E_{int} /J·m^{-2}
W(100)-ZrC(100)	0.328×0.328	0.318×0.318	0.334×0.334	0.65	0.19	0.31

续表 4-1

界面	$(\boldsymbol{a}\times\boldsymbol{b})_{fixed}$ /nm×nm	$(\boldsymbol{a}\times\boldsymbol{b})_{relaxed}$ (W_{slab})/nm×nm	$(\boldsymbol{a}\times\boldsymbol{b})_{relaxed}$ (TMC_{slab})/nm×nm	$E_S^{(W)}$ /J·m^{-2}	$E_S^{(TMC)}$ /J·m^{-2}	E_{int} /J·m^{-2}
W(100)-TiC(100)	0.313×0.313	0.318×0.318	0.307×0.307	0.15	0.25	0.57
W(100)-TaC(100)	0.317×0.317	0.318×0.318	0.317×0.317	0.01	0	−0.20
W(100)-HfC(100)	0.325×0.325	0.318×0.318	0.328×0.328	0.31	0.09	0.51
W(100)-MoC(100)	0.313×0.313	0.318×0.318	0.310×0.310	0.17	0.08	−0.44
W(100)-VC(100)	0.307×0.307	0.318×0.318	0.293×0.293	0.98	1.09	−0.20
W(110)-ZrC(100)	0.951×0.325	0.897×0.319	1.003×0.334	1.45	1.14	1.18
W(110)-TiC(100)	0.908×0.313	0.897×0.319	0.920×0.307	0.11	0.08	1.10
W(110)-TaC(100)	0.923×0.317	0.897×0.319	0.950×0.316	0.25	0.26	1.28
W(110)-HfC(100)	0.943×0.322	0.897×0.319	0.985×0.328	0.96	0.83	1.59
W(110)-MoC(100)	0.908×0.313	0.897×0.319	0.930×0.310	0.08	0.13	−0.02
W(110)-VC(100)	0.892×0.308	0.897×0.319	0.879×0.293	0.44	0.34	0.45

图 4-4 给出了 TMC/W 界面附近的原子的差分电荷。需要指出的是，通过对 $\Delta\rho$ 的数值研究发现，界面附近的原子周围电荷发生了明显的电荷再分布。对于共格 TMC(100)/W(100) 界面，在垂直于界面方向 W 原子和 C 原子周围电荷发生了明显的再分布，两原子之间的区域电荷明显增多，但没有被 C 或 W 原子完全占有，二者共同分享这部分电荷，电荷聚集的中心偏向 C 原子，因为 C 原子的电负性比 W 原子的强，所以 W 原子转移电荷给 C 原子（根据 bader 电荷分析），所以界面处 C—W 键是兼有离子键和共价键的特点。共格界面的界面间距范围是 0.205~0.210nm，这个范围比块体钨中的数值（0.196nm）稍微大一点。从图 4-4（d）~（f）中的 TaC(100)/W(100)、MoC(100)/W(100) 和 VC(100)/W(100) 界面的差分电荷发现，除了 W 原子和 C 原子间有强的相互作用之外，界面区域的电荷还呈现离散分布。这也许是界面能为负值的原因。对图 4-4（g）~（i）中的 TMC(100)/W(110) 界面的差分电荷分析发现，仅界面处的原子周围电荷进行了再分布。结构优化后，ZrC 层的两个 C 原子向 W 原子移动了，界面附近的原子间电荷发生了转移，表面两个板（slab）之间形成了强的化学键。

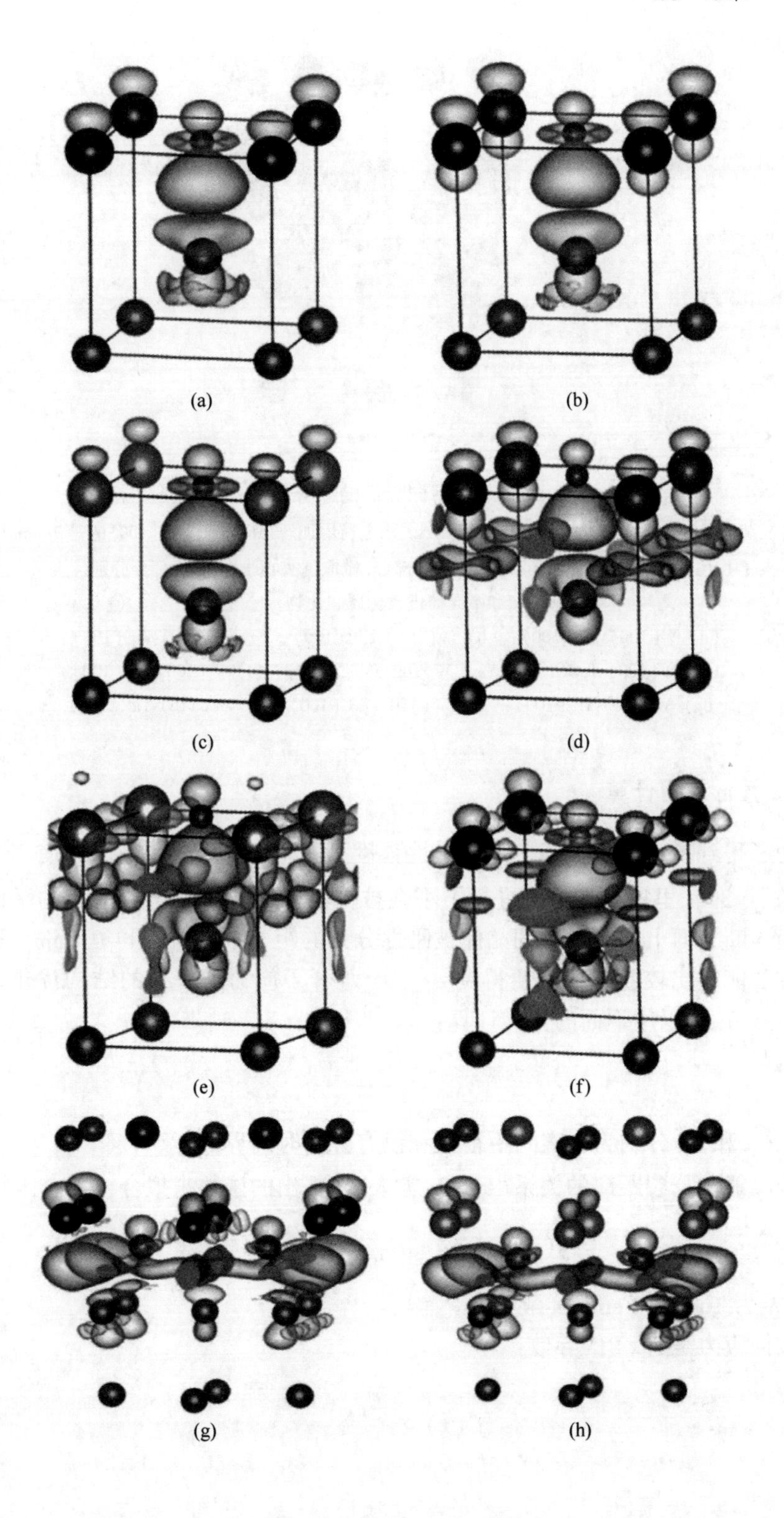
(a)
(b)
(c)
(d)
(e)
(f)
(g)
(h)

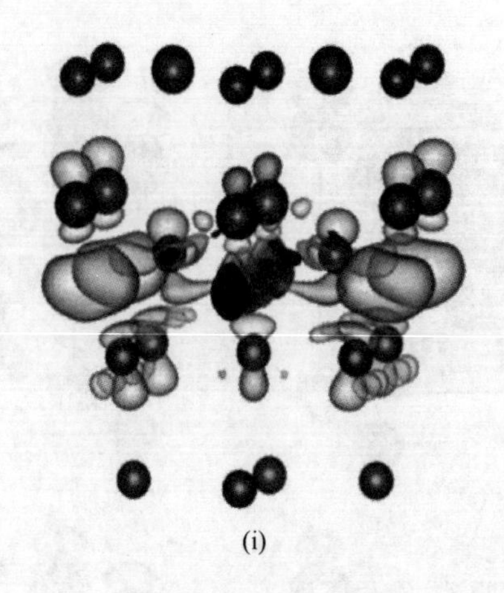

(i)

图 4-4 不同界面的差分电荷

（浅黄色区域表示电荷减少，浅蓝绿色区域表示电荷增加。TMC(100)/W(100)的是 $7e/nm^3$，TMC(100)/W(110)的是 $8e/nm^3$。下面部分(橄榄色实心球)和上面部分分别代表 W 和不同的过渡金属碳化物）

(a) W(100)-TiC(100)；(b) W(100)-HfC(100)；(c) W(100)-ZrC(100)；
(d) W(100)-TaC(100)；(e) W(100)-MoC(100)；(f) W(100)-VC(100)；
(g) W(110)-TiC(100)；(h) W(110)-ZrC(100)；(i) W(110)-TaC(100)

4.3.2 拉伸应力计算

为了得到界面的断裂能 E_{frac} 和弹性强度 σ_{max}（最大弹性应力），使用参考文献［37］-［39］里描述的方法进行了刚性拉伸计算。选择结合能最小的平面作为断裂面。断裂面上方和下方的晶体被刚性分开的距离范围为 0.1~0.6nm。这样的计算方法能够比较容易和方便得到 σ_{max}，避开了应力下复杂的结构优化。断裂能（E_{frac}）可以用下面的公式计算：

$$E_{frac} = \frac{E_{\infty} - E_0}{2S} \tag{4-4}$$

式中，E_{∞} 和 E_0 分别为分离间距很远和没有分离时的界面能。

分离能与分裂距离的关系由 Rose 等人[40]提出的函数来拟合，拟合函数为：

$$f(x) = E_{frac} - E_{frac}\left(1 + \frac{x}{\lambda}\right)e^{\frac{-x}{\lambda}} \tag{4-5}$$

式中，λ 为 Thomas-Fermi 屏蔽长度。

拉伸应力是 $f(x)$ 的导数：

$$f'(x) = \frac{xE_{frac}e^{\frac{-x}{\lambda}}}{\lambda^2} \tag{4-6}$$

在 $x=\lambda$ 时 $f(x)$ 导数的最大值就是最大的拉伸强度 σ_{max} ，因此有：

$$\sigma_{max} = f'(x) = \frac{E_{frac}}{\lambda e} \tag{4-7}$$

图 4-5 给出了典型的 TaC(100)/W(100)、VC(100)/W(100) 和 ZrC(100)/W(100) 界面的分离能和拉伸应力与分离间距的曲线。表 4-2 汇总了不同 TMC(100)/W(100) 界面的断裂能数值。从表 4-2 中可以看到，TaC(100)/W(100) 和 MoC(100)/W(100) 界面的断裂能的数值大于 ZrC(100)/W(100)、TiC(100)/W(100)、HfC(100)/W(100) 界面的断裂能，说明前面两个界面的结合比后三个界面更强。图 4-5（b）表明拉伸应力是分离间距的函数，拉伸应力

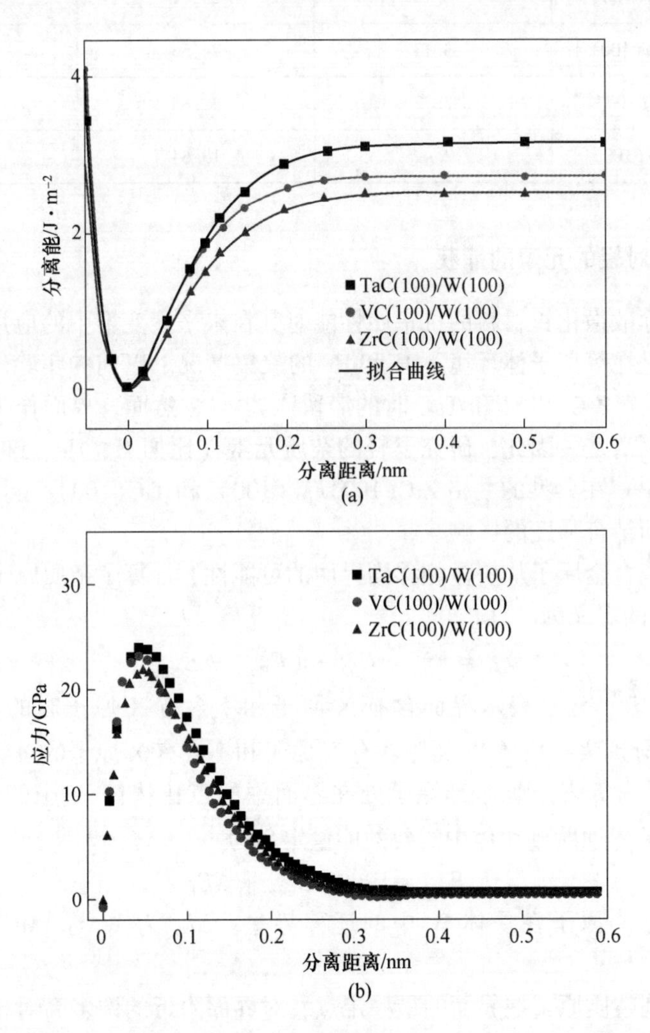

图 4-5 典型的 TaC(100)/W(100)、VC(100)/W(100) 和 ZrC(100)/W(100) 界面
（a）分离能与分离间距的关系曲线；（b）拉伸应力与分离间距的关系曲线

随着距离的增加而增加，达到最大拉伸应力 σ_{max} 后最后变为 0。表 4-2 中也汇总了不同共格界面的最大拉伸应力。与之相似，TaC(100)/W(100) 和 MoC(100)/W(100) 界面比其他界面的最大拉伸应力更高。

表 4-2 不同界面的断裂能、拉伸强度和临界分离距离

界面	断裂能/J · m^{-2}	拉伸强度 /GPa	临界分离间距 /nm
ZrC(100)/W(100)	2.51	18.94	0.049
TiC(100)/W(100)	2.50	20.52	0.044
TaC(100)/W(100)	3.16	23.71	0.049
MoC(100)/W(100)	3.13	24.55	0.047
VC(100)/W(100)	2.72	22.88	0.043
HfC(100)/W(100)	2.49	19.64	0.046

4.3.3 界面对轻的元素的捕获

碳化物弥散强化钨材料的抗辐照性能对其在未来聚变堆中的应用具有重要的意义，尤其是在等离子体环境下 H 和 He 的聚集情况。以前的实验研究主要集中在 D 在 W 掺杂 ZrC、TiC 和 TaC 时的滞留[12,41-43]。然而，界面作为潜在捕获点的机理仍然不清楚。因此，研究了轻的杂质元素（比如 H、He、Li、Be、B、C、N、O、S 和 P）在典型的共格 ZrC(100)/W(100) 和 TiC(100)/W(100) 界面的偏聚和对界面结合强度的影响。

为了研究合金原子从块体相移到界面的可能性，计算了杂质原子 X 在界面的偏聚能，E_{seg} 的定义为：

$$E_{seg} = E_{int}^{X} - E_{int} - (E_{Bulk}^{X} - E_{Bulk}) \tag{4-8}$$

式中，E_{int}^{X} 和 E_{int} 分别表示界面含有 X 原子和不含有 X 原子时的界面总能量；E_{Bulk}^{X}和 E_{Bulk}分别表示块体 W 超胞含有 X 原子和不含有 X 原子的总能量。

如果 E_{seg}为负值，则对 X 原子处在界面中的点比快体 W 中的点更加稳定。那么 X 原子从界面跑到块体中需要的能量定义为[5]：

$$E_{esc} = E_{seg} + E_{mig} + \Delta E_{f} \tag{4-9}$$

式中，E_{mig}为 X 原子在块体 W 中的迁移势垒；ΔE_{f} 为 W 与 TMC 中的固溶能之差。

为了得到杂质原子在界面的最稳定点，对界面附近的许多高对称间隙点位置进行了优化。图 4-6 给出了轻元素的初始位置（见图 4-6（a））及优化后的位置（见图 4-6（b））。由图 4-6（b）知，结构优化后，几乎所有的杂质原子都被限制

在两个晶体间的界面区域靠近界面 W 的一侧。需要指出的是，大多的稳定点都具有与在块体 W 中的类似，比如八面体点和四面体点，H 和 He 倾向占据四面体点；O、Be、B、C、N、S 和 P 占据八面体点。只有 Li 倾向于占据两个 W 原子间的桥点位置。

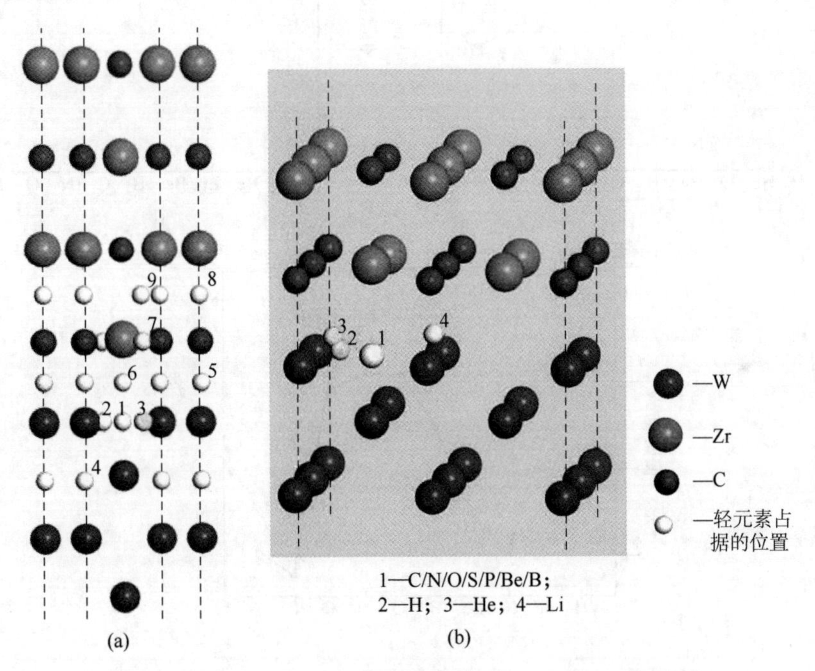

图 4-6 轻元素的初始位置及结构优化后的最终位置

（轻元素 O、Be、B、C、N、S 和 P 的稳定位置是“1”所表示的八面体位置，H/He 更倾向于待在点“2”或“3”表示的类四面体点，Li 优先待在桥点位置“4”）

(a) 轻元素的初始位置示意图；(b) 轻元素原子在 ZrC(100)/W(100) 界面的稳定位置示意图

图 4-7 给出了利用式（4-8）计算 ZrC(100)/W(100) 界面和 TiC(100)/W(100) 界面含有不同杂质原子时的偏聚能，也给出了杂质在典型的 W Σ3 (111) [100] 晶界的偏聚能用来对比。对于所有的杂质，负的偏聚能说明杂质更容易从块体 W 相偏聚到界面。研究发现，界面和晶界的偏聚能变化趋势是类似的。Li、P 和 S 杂质有很强地从块体环境向界面移动的趋势。需要指出的是，He、Li、Be、B、P 和 S 的界面偏聚能大于晶界的偏聚能，说明这些杂质原子更易在晶界偏聚而不是在界面偏聚。H 在 ZrC(100)/W(100) 界面和 TiC(100)/W(100) 界面的偏聚能分别是-0.93eV 和-0.88eV，与在 W Σ3 (111) [100] 晶界的偏聚能数值（-0.90eV）几乎一样。而对于 He 在 ZrC(100)/W(100) 界面和 TiC(100)/W(100) 界面的偏聚能分别是-2.19eV 和-2.42eV，高于其在 W Σ3 (111) [100] 晶界的偏聚能数值（-3.35eV）。

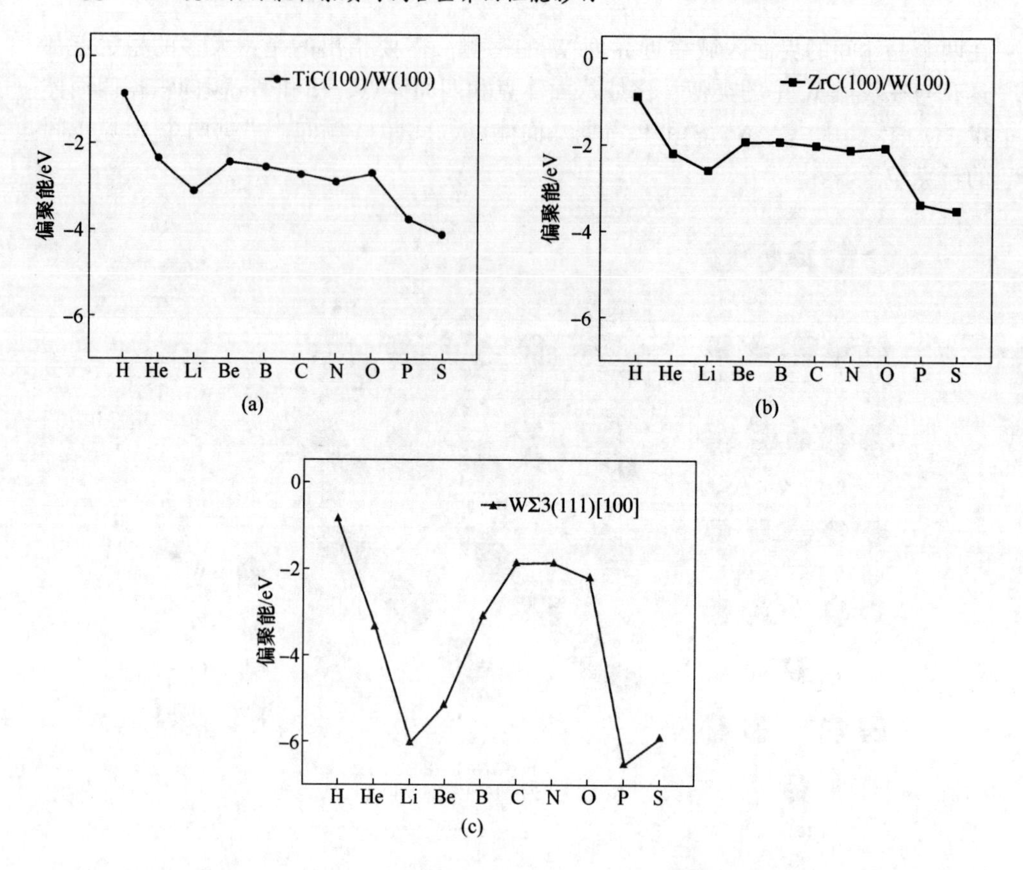

图 4-7 H、He、Li、Be、B、C、N、O、P 和 S 等轻元素的偏聚能

(a) 共格 TiC(100)/W(100) 界面；

(b) 共格 ZrC(100)/W(100) 界面；(c) WΣ3(111)[100] 晶界

晶界或者界面的少量杂质能够显著地改善材料的力学性能，如：材料的塑性和强度。ZrC(100)/W(100) 界面的断裂能可以提供杂质对界面结合强度影响的定量化信息，断裂能公式是：

$$E_{\mathrm{frac}} = \frac{E_{\infty} - E_0}{2S} \tag{4-10}$$

式中，E_0 为没有分离时的界面能；E_{∞} 为分离间距非常大时的界面能。

图 4-8 给出了 ZrC(100)/W(100) 界面掺有不同杂质时的断裂能。对于界面中所有杂质存在时的断裂能都比纯界面的断裂能低，表明杂质在界面的偏聚降低了界面的结合强度。He、Li、O、P 和 S 的掺杂对断裂能的影响比较大，意味着这些杂质的偏聚使界面变得更脆。为了获得关于界面结合强度的更详细信息，图 4-8 也给出了界面附近的 W—C 键键长（见图 4-9（a）实线）。图中断裂能的变化规律与 W—C 键键长的变化规律相反，进一步验证了杂质在界面偏聚时对界

面的脆化。所以，C—W 键对界面的稳定性和结合强度起着非常重要的作用。随着 C—W 键键长的增加界面的结合强度降低。

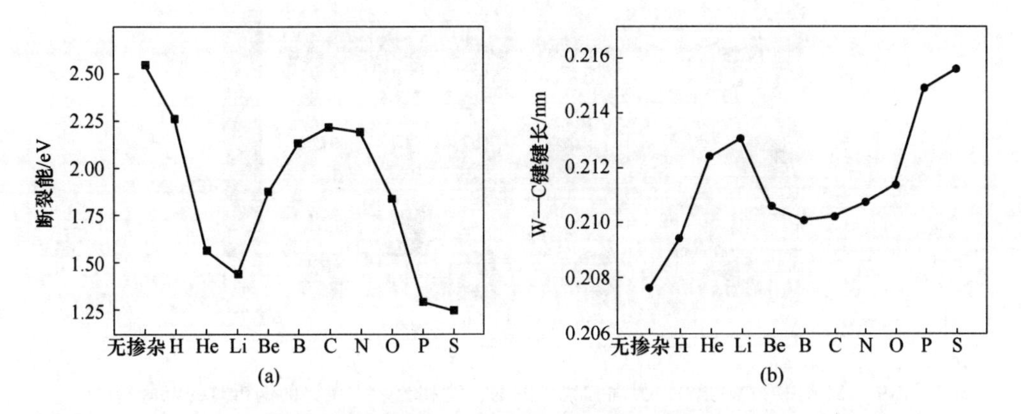

图 4-8 ZrC(100)/W(100) 界面的断裂能与 W—C 键键长

(a) 轻元素 H、He、Li、Be、B、C、N、O、P 和 S 在界面偏析时的断裂能；
(b) 界面处的 W—C 键（见图 4-9（a）实线）的键长

通过以上的分析发现，原子的电荷密度是原子成键的微观原因，电荷的聚集(减少) 直接预示着化学键的增强（减弱）。图 4-9 给出了纯 ZrC(100)/W(100) 界面的电荷密度，以及掺杂了 H、Li 和 S 时的界面电荷密度。从图 4-9（a）可以看出，界面的 W 原子和 C 原子形成了强的化学键使两个晶粒结合，界面的强度主要来源于 W—C 共价键的贡献。图 4-9（b）给出了 H 原子在界面的偏聚会导致电荷密度的重新分布，通过比较图 4-9（a）和（b）可以发现，当 H 掺入的时候 W 原子和 C 原子之间的电荷有少许的减少，所以有 H 杂质时，W—C 键会变得比纯界面中的 W—C 键要弱一些。有 H 掺杂时 W—C 键的键长被拉长了，这有

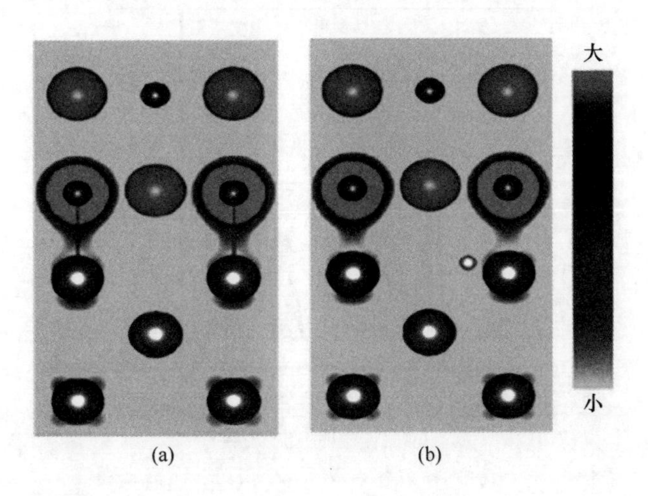

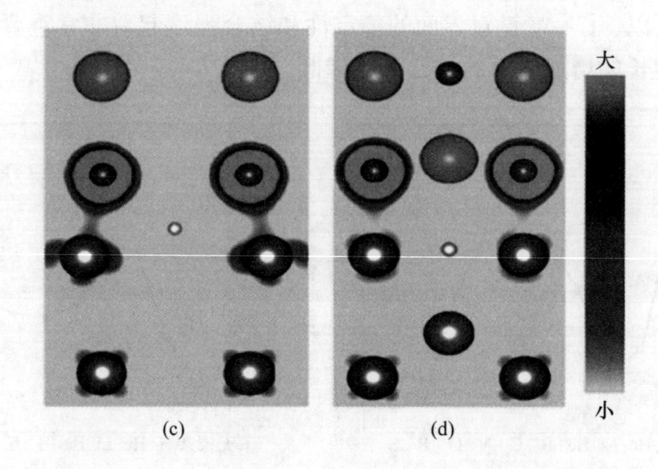

图 4-9 ZrC(100)/W(100) 界面和典型的 H、Li 和 S 杂质在界面偏析时的电荷密度（等电荷值是 $80e/nm^3$）
(a) 完美界面；(b) H；(c) Li；(d) S

可能比纯界面中的 W—C 键弱得多的原因。S 在界面偏聚时的界面电荷分布（见图 4-9（d））表明，此时 W—C 键的强度降低得更多，因为 S 具有强的电负性，很显然有电荷传给了 S 原子。这也许是 S 对界面有强烈的脆化的原因。

为了进一步分析掺杂情况下 ZrC(100)/W(100) 界面的成键特点，本章计算了界面的分电荷态密度（见图 4-10）。分电荷态密度分析发现，共格界面的结合强度和稳定性主要是由 Zr 4d，W 5d 与 C 2p 轨道杂化形成强的共价键导致的。通过比较纯界面与掺杂后界面原子的分电荷态密度可以发现，界面原子的分电荷态密度没有明显的变化，但在-8.0eV 处 C 2s 和 W 5d 有一个小的杂化峰出现。界面的 W、Zr 和 C 原子的电荷减少了，所以界面的结合强度变弱了。

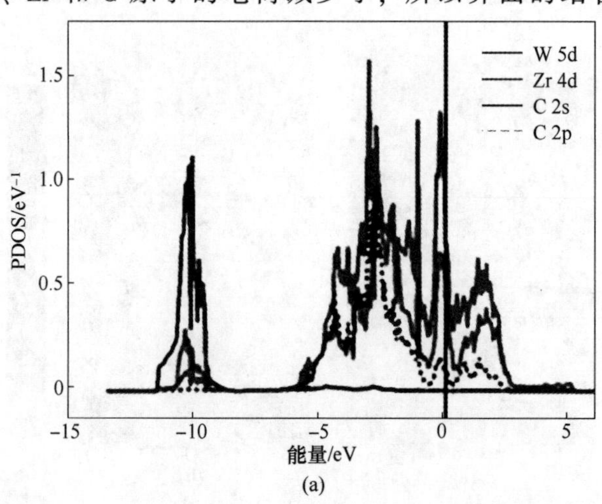

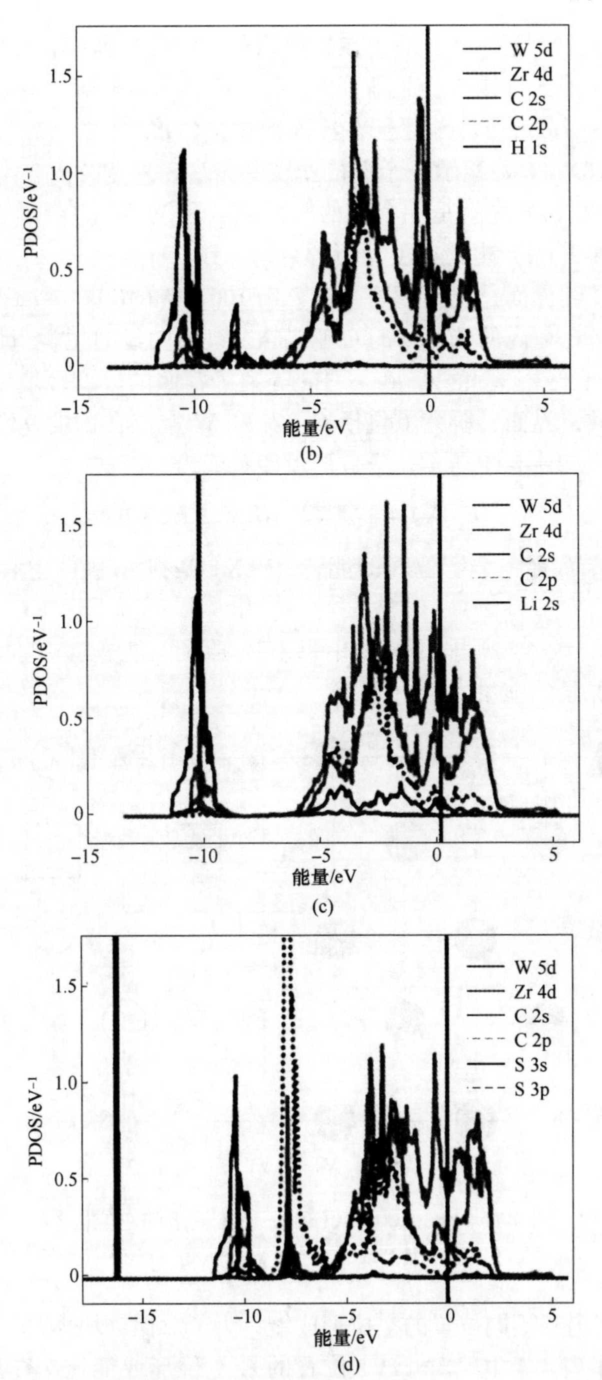

图 4-10 位于 ZrC(100)/W(100) 界面的 W、Zr、C 原子和典型的 H、Li 和 S 杂质原子偏析时的分电荷态密度（PDOS）

（能量零点的竖实线表示费米能级）

(a) 不掺杂；(b) H；(c) Li；(d) S

图 4-10（c）显示的是一个 Li 原子在界面偏聚时的分电荷态密度，Li s 态变得更加非局域化，Li 原子周围发生明显的畸变应该是使界面结合变脆的一个主要原因。对于图 4-10（d）所示 S 原子在界面偏聚的情况，S 3s 和 3p，W 5d，Zr 4d 和 C 2p 态在-16.2eV 处显示一个新的窄尖锐峰，S 3s 和 3p，W 5d，Zr 4d 和 C 2p 态在-8.6~-6.6eV 之间是一个宽的峰。S 3p 和 W 5d 的杂化导致界面结合强度变弱，与图 4-9（d）电荷密度分析的结果一致。

不仅考虑了纯界面，还计算了共格 ZrC(100)/W(100) 界面存在空位时的捕获性质。包括 ZrC 在内的碳化物的 C 亚晶格表现出明显的化学当量变化，C 的空位率达到了 50%[5, 44]。此外，在 H/He 等离子辐照的聚变环境中界面附近易形成空位。对于共格界面，研究了包括 C、Zr 和 W 空位在内的 9 个不同的空位位置（V1~V6），如图 4-11 所示。空位形成能公式为：

$$E_{\mathrm{f}}(\mathrm{X}) = E_{\mathrm{int}}^{\mathrm{Vac(X)}} - E_{\mathrm{int}} + E(\mathrm{X}) \tag{4-11}$$

式中，$E_{\mathrm{int}}^{\mathrm{Vac(X)}}$ 界面有一个空位时的能量；$E(\mathrm{X})$ 是在 X 块体中有一个 X 原子的能量。

这里 $E(\mathrm{Zr})$ 是六方密排块体 Zr 中每个 Zr 原子的能量（-8.40eV），$E(\mathrm{C})$ 为石墨中每个 C 原子的能量（-8.01eV）。

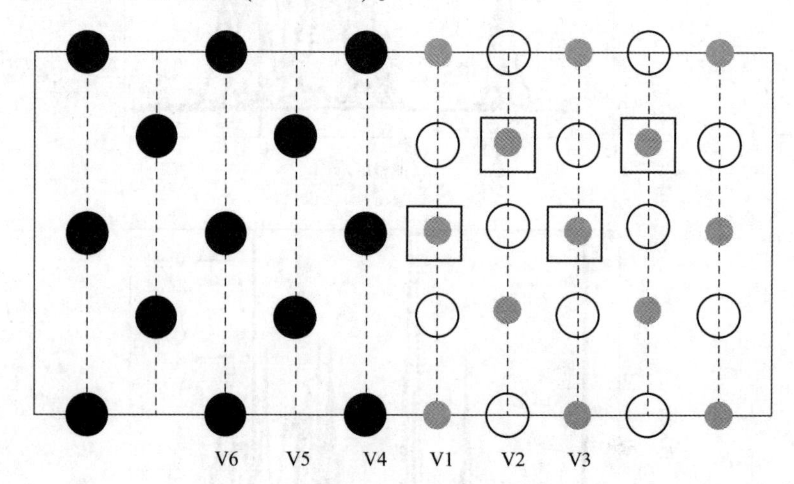

图 4-11 ZrC(100)/W(100) 界面附近的空位位置
（V1~V3 是 C 或 Zr 空位，V4~V6 是 W 空位）

表 4-3 中列出了不同位置的空位形成能。为了对比，块体 ZrC 和 W 中的空位形成能也列在了表 4-3 中。对于 V1 位置的 C 空位形成能比 ZrC 块体中的稍高，V2 和 V3 位置的 C 空位形成能比 ZrC 块体中的低。所有 Zr 原子的空位形成能都比 ZrC 块体中的低。在 V4 位置的空位形成能比块体 W 中的低，然而在 V5 和 V6 位置 W 原子的空位形成能比块体中的高。需要指出的是，C 的空位形成能比其

他的空位形成能都低，这意味着特定的条件（比如高能等离子体辐照）下 C 空位优先形成。空位与 H 或 He 的结合能公式是：

$$E_{b}^{Vac-X} = E_{int}^{Vac} + E_{int}^{X} - (E_{int}^{Vac+X} + E_{int}) \tag{4-12}$$

式中，E_{int}^{Vac} 为界面有一个空位时的能量；E_{int}^{Vac+X} 为界面中有一个空位和一个杂质原子时的界面能量。

对于界面中 V1~V3 的 C 空位，H 或 He 倾向于占据空位的中心。块体 W 中的 H 或 He 与空位的结合能公式是：

$$E_{b}^{Vac-X}(\text{块体}) = E_{bulk}^{Vac} + E_{bulk}^{X} - (E_{bulk}^{Vac+X} + E_{bulk}) \tag{4-13}$$

式中，E_{b}^{Vac-X}（块体）为块体 W 中的空位有 H 或 He 时的结合能；E_{bulk}^{X} 为块体 W 中的四面体间隙位置有一个 H 或 He 时的能量；E_{bulk}^{Vac+X} 为块体 W 中的空位里有一个 H 或 He 时的能量，H 占据空位附近的八面体间隙点，He 占据空位中心。

表 4-3 列出了 H、He 在界面中及块体中与空位的结合能。由表 4-3 知，在界面的结合能比在块体中的结合能小得多。在界面中 H 和 He 对 C 空位的偏聚能公式为：

$$E_{seg} = E_{int}^{Vac+X} - E_{int}^{Vac} - (E_{bulk}^{X} - E_{bulk}) \tag{4-14}$$

式中，E_{bulk}^{X} 为 ZrC 超胞里有一个 X 原子时的能量；E_{bulk} 为 ZrC 超胞中没有 X 原子时的能量。

在块体 ZrC 中，间隙 H 原子待在由一个 C 原子和三个 Zr 原子围成的四面体点是稳定的。然而，He 原子在由四个 Zr 原子核四个 C 原子围成的立方中心是稳定的，与已有的结果是一致的[45-47]。表 4-3 还列出了界面中 H 和 He 对空位的偏聚能。从表 4-3 发现界面有空位时 H 的偏聚能低于纯界面时的偏聚能（-0.93eV），但是，He 的偏聚能高于纯界面的偏聚能（-2.19eV）。

表 4-3 C、Z 和 W 的空位形成能 E_f，H 和 He 在空位的偏聚能 E_{seg}，H/He-空位结合能

(eV)

能量	V1	V2	V3	块体
E_f(C)	2.54	2.03	2.03	2.34
E_f(Zr)	6.37	8.24	8.83	8.93
E_f(W)	2.83(V4)	3.64(V5)	3.45(V6)	3.21
E_{seg}(H)	-1.57	-1.58	-1.60	—
E_{seg}(He)	-1.60	-1.77	-1.89	—
E_b(Vac-H)	0.92	0.93	0.95	1.19
E_b(Vac-He)	1.46	1.63	1.75	4.55

4.4 讨　论

4.4.1 界面结构和临界半径

对于 W-TMC 界面，已有的 W-TiC 实验结果证明共格界面遵循 Kurdjumov-Sachs（K-S）曲线关系。最新的关于 W-ZrC 材料微观结构的观察揭示 W(110) 和 ZrC(200) 组成了共格结构（见图 4-12（a））。共格结构是界面结合增强的原因，使材料具有非常好的力学性能和更高的抗热震能力。通过比较图 4-12（a）和（b）发现，稳定的共格 ZrC(200)/W(100) 界面模型中，ZrC(200) 和 W(100) 的

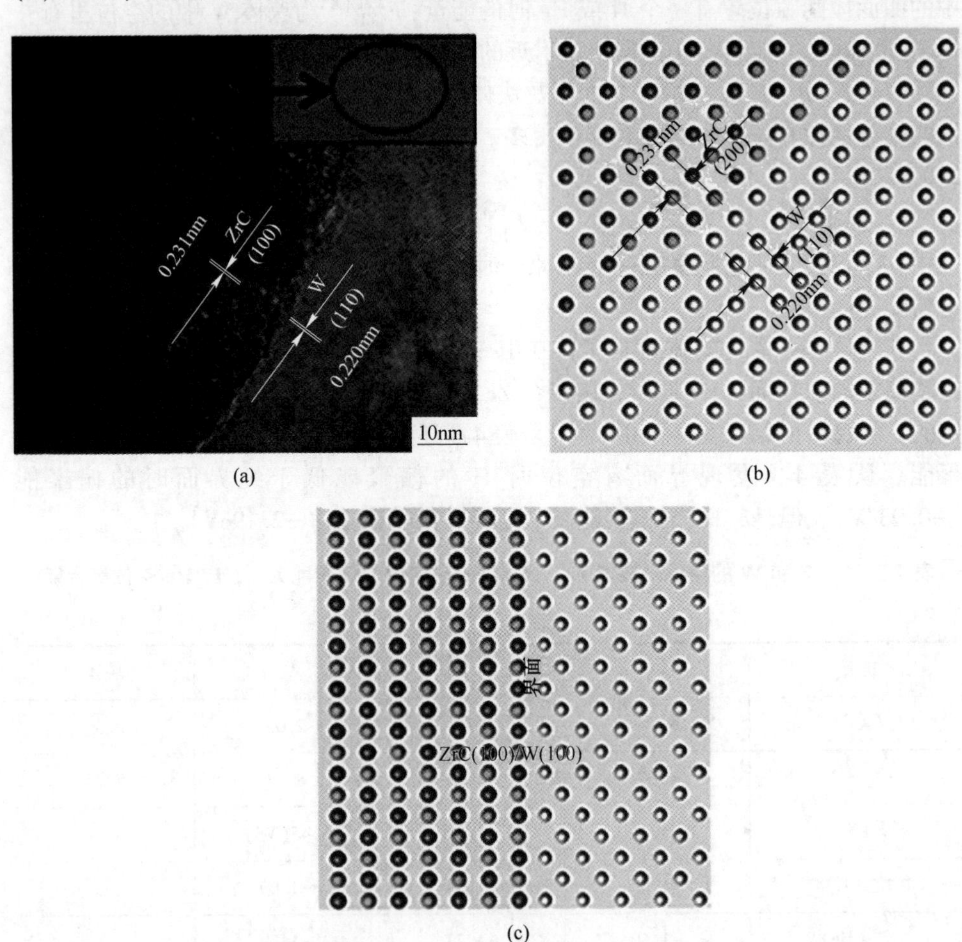

图 4-12　实验观察到的共格 W-ZrC 界面和模拟优化的 W-ZrC 共格界面

（a）W 基相和 ZrC 相在[001]方向的高分辨透射电子显微镜下观察到的界面图；

（b）（c）分别为沿[001]（俯视）和[100]（侧视）观察到共格 ZrC(100)/W(100)界面的稳定结构分布图

面间距 d 与实验观察结果吻合得很好。因此，W 与 ZrC/TiC 共格界面应该遵循 Baker-Nutting 取向关系。需要指出的是，实验结果是在粒子变薄的过程中从顶部观察的，ZrC 颗粒逐渐出现在 W 基的周围（见图 4-12（a））。从侧面（见图 4-12（c））看 ZrC(200)/W(100) 界面最稳定，是因为 W 原子和 C 原子之间形成了强的共价键。W 基和 ZrC 小颗粒之间形成的主要是这种类型的界面。弥散颗粒有一个临界半径，临界半径的定义是[48]：

$$r_c = \alpha \frac{Gb^3}{E_{\text{int}}} \tag{4-15}$$

式中，α 是常数；G=161GPa；b=0.274nm（W 的 Burger 矢量）[49]。

用式（4-15）计算不同 W-TMC 界面的临界半径，共格 ZrC(100)/W(100) 界面的临界直径大约是 40nm。因此，TiC(100)/W(100) 界面和 HfC(100)/W(100) 界面的临界直径是 20nm。因此，通过 W 添加第二相强化颗粒可以使 W-ZrC 合金的屈服点降到 40nm 以下，W-TiC 合金和 W-HfC 合金的屈服点可以降到 20nm 以下。大尺寸沉淀可以认为是无切变的。如果这么大颗粒留在 W 基中，大颗粒周围逐渐形成扭曲环，这就奥罗万（Orowan）强化机理，它对提高屈服点的作用很小。然而，位错的积累可以显著提高应变强度。要想大幅提高 W-ZrC 合金的屈服点，弥散 ZrC 的尺寸要降到 40nm 以下。

4.4.2 理论研究与辐照实验对比

研究了 W-ZrC 界面对 H 和 He 的捕获性质。使用与文献中[5]类似的方法建立界面周围的 H 和 He 的能量图（见图 4-13）。对块体 W、ZrC 和共格 ZrC(100)/W(100) 界面中的 H 和 He 的迁移势垒进行了计算，结果汇总到了表 4-4 中。在纯 W 中 H 和 He 的势垒与已有的计算结果[50-51]吻合得很好，由于扩散路径不同，H 的势垒与其他的研究结果[45]不同。

图 4-13 给出了 H 和 He 垂直界面的能量分布图（见图中黑色曲线）及 C 空位存在时的能量分布图（见图中红色曲线）。由图 4-13（a）知，H 在 C 空位存在时的偏聚能小于纯界面的偏聚能。由图 4-13（b）知，He 在 C 空位存在时的偏聚能大于界面的偏聚能。根据方程式（4-9）计算 H 从界面和 C 空位扩散到最近邻的块体间隙点的逃逸能分别是 1.42eV 和 2.09eV。对 He 从界面和 C 空位扩散到块体 W 中的逃逸能分别是 4.31eV 和 4.01eV。由图 4-13 知，H 和 He 在块体 W 和块体 ZrC 中的形成能的差值分别是 0.28eV 和 2.05eV。因此 C 空位对 H 有很强的捕获性，而界面和 C 空位都对 He 有很强的捕获性。这一理论结果与实验上最新观察到的在 Fe/VC 中 C 空位对 H 有很强的捕获性[52-53]结论一致。

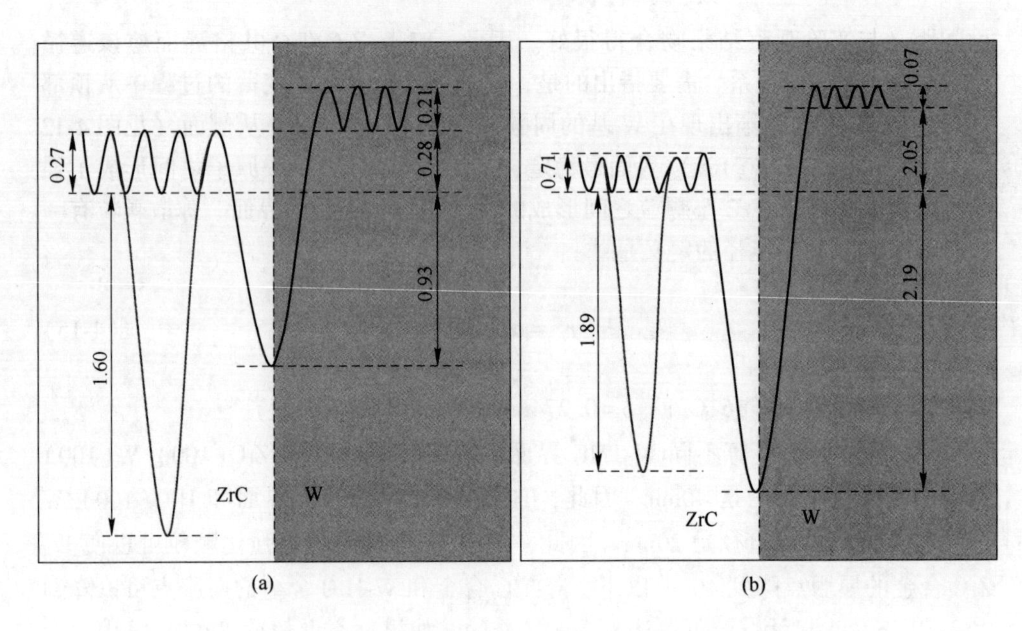

图 4-13 H(a)和 He(b)在共格 ZrC(100)/W(100)界面的能量分布图
(红色曲线表示界面有一个 C 空位的情况)

表 4-4 H 和 He 在块体 W、碳化物和界面中的迁移势垒

材料	H 的迁移势垒/eV	He 的迁移势垒/eV
W	0.21	0.07
ZrC	0.27	0.71
TiC	0.27	0.35
ZrC(100)/W(100)	0.31	0.33
TiC(100)/W(100)	0.04	0.23

近年来，利用热脱附光谱获得的关于碳化物掺杂的 W-ZrC 合金、W-TiC 合金和 W-TaC 合金的实验数据比较少[12,41-43]。虽然没有给出与逃逸能相对应的有效的脱附激活能，但研究结果可以对实验结果给出定性的解释。D 等离子体辐照后，Liu 等人发现 H 在 W-ZrC 合金中的滞留量比纯 W 中的低[43]。此外，W-ZrC、W-TiC 和 W-HfC 中气泡的尺寸比纯 W 中的小得多，这与在 1050K 时 W-TiC 和 W-TaC 没有起泡的结果相似[12]。H 在界面的偏聚能几乎与在纯 W 晶界的偏聚能相同。除了晶界，界面为 H 泡成核提供了额外的点。纳米碳化物把大的气泡分散成更小的小气泡，所以会形成多个小气泡而不是大气泡[54-55]。这可以解释为什么碳化物弥散的 W 材料中气泡的尺寸比纯 W 中的小。此外，添加碳化物的 W 抗

辐照能力的提高是由于碳化物弥散颗粒的存在强化了晶界[12, 17, 56-57]。TCM 在界面的弥散使晶界得到了强化[12, 17, 56]。

此外，TMC 弥散体的存在能降低晶粒尺寸，提高了材料的屈服强度[57]。由表 4-4 知，H 和 He 沿着 W-TMC 界面的迁移势垒小于 0.35eV。因此，界面可以作为 H 和 He 快速的迁移通道。可以预测 H 和 He 可以在柱状晶粒结构的 W 材料中沿着晶界或者界面扩散（见图 4-14（a）），可以通过介观方法及专门的实验来验证，比如用蒙特卡洛动力学来模拟 H 的捕获、扩散率、浓度。

在 800K，高通量等离子体辐照下 W-TiC 和 W-TaC 中 D 的浓度比纯 W 中高出不止一个数量级，也比暴露在低通量等离子体下的 D 滞留量高得多[12]。因为 D 的滞留主要是被辐照导致的缺陷（比如空位）捕获，在高通量等离子体辐照下会产生较多的辐照缺陷捕获更多的 D。高温下，H 和 He 往碳化物弥散相扩散并被晶格缺陷（如 C 空位）捕获[45-46]。因为 H 的脱附能达 1.87eV，所以 H 一旦被 C 空位捕获很难移到块体（W）相（见图 4-13（a））。所以高温下 D 主要被界面和 C 空位捕获。

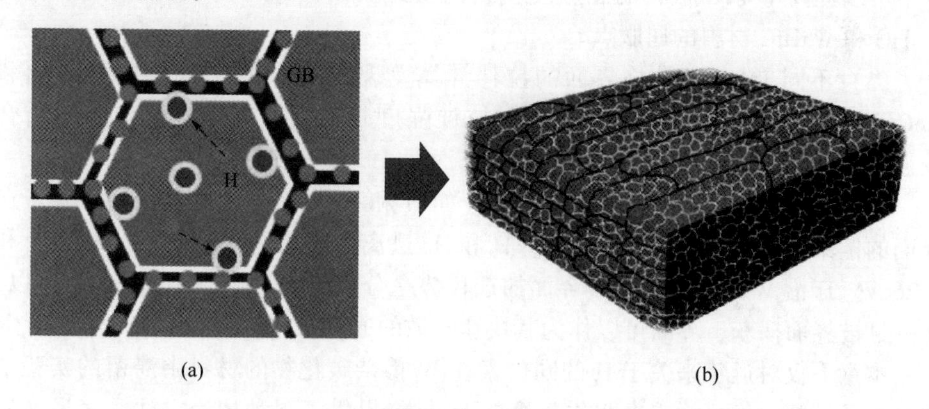

图 4-14 H 沿着界面和晶界扩散路径示意图(a)和未来具有先进性能的 W 材料的多尺度界面微观结构(b)

辐照下，H 的同位素在掺杂碳化物的 W 中滞留，使得掺杂碳化物的 W 材料不适合作为聚变堆中的第一壁材料。因此需要减少 H 在 W-TMC 合金中的滞留量。根据目前的模拟结果，一个可能的方法是让 H 沿着界面或晶界逃逸。因此多尺度界面结构也许是提高钨基材料性能的一个好的选择，包括微米尺寸的柱状母晶、亚微米超细等轴亚晶、纳米尺度弥散强化颗粒/基体相界面（见图 4-14（b））。与纳米 W 晶和超细晶 W 对比后发现，微米尺寸的柱状晶粒不仅能降低 H 的同位素的散射，而且柱状晶界可以作为 H 的扩散通道；同时，微米尺寸的晶粒可以提高材料的热导率和抗热负荷能力。亚微米亚晶粒界面和纳米颗粒弥散强化界面，不仅能改善材料的强度/延展性，而且抑制了 H/He 泡形成，从而提高材料的抗辐照性能。然而，对材料在服役环境（比如中子辐照损伤和高温下、高通量等离子体共同影响）中的使用做一个全面的评估。

4.5 本章小结

本工作对 W/过渡金属碳化物（TMC 是 ZrC、TiC、TaC、HfC、MoC 和 VC）界面的稳定性、结合强度及界面对轻元素杂质的捕获（H、He、Li、Be、B、C、N、O、P 和 S）机理进行了系统的研究。得到如下结论：

（1）应变能对界面能的贡献不能忽略。减去应变能后，共格 TMC(100)/W(100) 界面比半共格 TMC(100)/W(110) 界面的界面能更低，所以更稳定。电子结构的分析表明界面 W 原子和 C 原子形成的化学键具有离子键和共价键的特点。

（2）根据式（4-15）计算了第二相颗粒的临界半径，ZrC 弥散颗粒降到 40nm 以下可以提高 W-ZrC 材料的屈服点，碳化物弥散颗粒降到 20nm 以下可以提高 W-TiC 和 W-HfC 材料的屈服点。

（3）不同 TMC/W 共格界面的拉伸计算发现，TaC(100)/W(100) 界面和 MoC(100)/W(100) 界面的断裂能和拉伸强度较高，意味着这两个界面结合较强。

（4）TMC/W 界面及 C 空位对杂质（如 H 和 He）有很强的捕获性，元素在界面的偏聚会降低材料的结合强度。H 和 He 逃离界面的脱附能分别是 1.14eV 和 2.26eV。H 沿 W-ZrC 和 W-TiC 界面的迁移势垒分别是 0.31eV 和 0.04eV。所以，H 一旦被界面捕获，界面可以作为其快速扩散的通道。

本章不仅对近年来关于 H 的同位素在 W 掺杂碳化物的材料中滞留的实验结果进行了解释，而且为未来制作先进的 W 材料提供了一种理论方法。多尺度界面结构，包括微米尺寸的柱状母晶、亚微米超细等轴亚晶和纳米尺寸的碳化物/W 界面，可以协同提高钨基材料的整体性能，比如提高材料力学性能和热导率、降低 H 的滞留量、提高抗辐照性能。

参考文献

[1] BEYERLEIN I J, DEMKOWICZ M J, MISRA A, et al. Defect-interface interactions [J]. Prog. Mater. Sci., 2015, 74: 125-210.

[2] LU S, ÅGREN J, VITOS L. Ab initio study of energetics and structures of heterophase interfaces: Fromcoherent to semicoherent interfaces [J]. Acta Mater., 2018, 156: 20-30.

[3] JUNG W S, CHUNG S H. Ab initio calculation of interfacial energies between transition metal carbidesand fcc iron [J]. Modell. Simul. Mater. Sci. Eng., 2010, 18: 075008.

[4] BAI X M, VOTER A F, HOAGLAND R G, et al. Efficient annealing of radiationdamage near

grain boundaries via interstitial emission [J]. Science, 2010, 327: 1631-1634.

[5] STEFANO D D, NAZAROV R, HICKEL T, et al. First-principles investigation of hydrogen interaction with TiC precipitates in α-Fe [J]. Phys. Rev. B, 2016, 93: 184108.

[6] RIETH M, BOUTARD J L, DUDAREV S L, et al. Review on the EFDA programme on tungsten materials technology and science [J]. J. Nucl. Mater., 2011, 417: 463-467.

[7] WURSTER S, BALUC N, BATTABYAL M, et al. Recent progress in R&D on tungsten alloys for divertor structural and plasma facingmaterials [J]. J. Nucl. Mater., 2013, 442: S181-S189.

[8] LINSMEIER C, RIETH M, AKTAA J, et al. Development of advanced high heat flux and plasma-facing materials [J]. Nucl. Fusion, 2017, 57: 092007.

[9] XIE Z M, LIU R, MIAO S, et al. Extraordinary high ductility/strength of the interface designed bulk W-ZrC alloy plate at relatively low temperature [J]. Sci. Rep., 2015, 5: 16014.

[10] KURISHITA H, KOBAYASHI S, NAKAI K, et al. Development of ultra-fine grained W-0.25%-0.8%TiC and its superior resistanc to neutron and 3 MeV He-ion irradiations [J]. J. Nucl. Mater., 2008, 377: 34-40.

[11] MIYAMOTO M, NISHIJIMA D, UEDA Y, et al. Observations of suppressed retention and blistering for tungsten exposed to deuterium-helium mixture plasmas [J]. Nucl. Fusion, 2009, 49: 065035.

[12] ZIBROV M, BYSTROV K, MAYER M, et al. The high-flux effect on deuterium retention in TiC and TaC doped tungsten at high temperatures [J]. J. Nucl. Mater., 2017, 494: 211-218.

[13] KURISHITA H, AMANO Y, KOBAYASHI S, et al. Development of ultra-fine grained W-TiC and their mechanical properties for fusion applications [J]. J. Nucl. Mater., 2007, 367-370: 1453-1457.

[14] ISHIKAWA F, TAKAHASHI T, OCHI T. Intragranular ferrite nucleation in medium-carbon vanadium steels [J]. Metall. Mater. Trans. A, 1994, 25: 929-936.

[15] PARK Na-Young, CHOI Jung-Hae, CHA Pil-Ryung, et al. First-Principles Study of the Interfaces between Fe and Transition Metal Carbides [J]. J. Phys. Chem. C, 2013, 117: 187-193.

[16] ZINKLE S J, SNEAD L L. Designing radiation resistance in materials for fusion energy [J]. Annu. Rev. Mater. Res., 2014, 44: 241-267.

[17] KURISHITA H, MATSUO S, ARAKAWA H, et al. Current status of nanostructured tungsten-based materials development [J]. Phys. Scr., 2014, T159: 014032.

[18] MISHIN Y, ASTA M, LI J. Atomistic modeling of interfaces and their impact on microstructure and properties [J]. Acta Mater., 2010, 58: 1117-1151.

[19] GONZÁLEZ C, IGLESIAS R, DEMKOWICZ M J. Point defect stability in a semicoherent metallic interface [J]. Phys. Rev. B, 2015, 91: 064103.

[20] GIBSON M A, SCHUH C A. Segregation-induced changes in grain boundary cohesion and embrittlement in binary alloys [J]. Acta Mater., 2015, 95: 145-155.

[21] HUANG Z, CHEN F, SHE Q N, et al. Combined effects of nonmetallic impurities and planned metallic dopants on grain boundary energy and strength [J]. Acta Mater., 2019, 166:

113-125.

[22] OLSON G B. Strong interface adhesion in Fe/TiC [J]. Philos. Mag., 2005, 85: 3683-3697.

[23] ARYA A, CARTER E A. Structure, bonding, and adhesion at the ZrC(1 0 0)/Fe (1 1 0) interface from first principles [J]. Surf. Sci., 2004, 560: 103-120.

[24] JUNG W S, LEE S C, CHUNG S H. Energetics for Interfaces between Group IV Transition Metal Carbides and bcc Iron [J]. ISIJ Int., 2008, 48: 1280-1284.

[25] SAWADA H, TANIGUCHI S, KAWAKAMI K, et al. First-principles study of interface structure and energy of Fe/NbC. Modell [J]. Simul. Mater. Sci. Eng., 2013, 21: 045012.

[26] DANG D Y, SHI L Y, FAN J L, et al. First-principles study of W-TiC interface cohesion [J]. Surf. Coat. Technol., 2015, 276: 602-605.

[27] QIAN J, WU C Y, GONG H R, et al. Cohesion properties of W-ZrC interfaces from first principles calculation [J]. J. Alloys Compd., 2018, 768: 387-391.

[28] ZHANG X, WU X, HOU C, et al. First-principles calculations on interface stability and migration of H and He in W-ZrC interfaces [J]. Appl. Surf. Sci., 2020, 499: 143995.

[29] KRESSE G, HAFNER J. Ab initio molecular dynamics for liquid metals [J]. Phys. Rev. B, 1993, 47: 558-561.

[30] KRESSE G, FURTHMÜLLER J. Efficient iterative schemes for ab initio total-energy calculations using a plane-wave basis set [J]. Phys. Rev. B, 1996, 54: 11169-11186.

[31] BLÖCHL P E. Projector augmented-wave method [J]. Phys. Rev. B, 1994, 50: 17953-17979.

[32] PERDEW J P, CHEVARY J A, VOSKO S H, et al. Atoms, molecules, solids, and surfaces: Applications of the generalized gradient approximation for exchange and correlation [J]. Phys. Rev. B, 1992, 46: 6671-6687.

[33] PERDEW J P, CHEVARY J A, VOSKO S H, et al. Erratum: Atoms, molecules, solids, and surfaces: Applications of the generalized gradient approximation for exchange and correlation [J]. Phys. Rev. B, 1993, 48: 4978.

[34] RASCH K, SIEGEL R, SCHULTZ H. Quenching and recovery investigations of vacancies in tungsten [J]. Philos. Mag. A, 1980, 41: 91-117.

[35] ZHOU H B, LIU Y L, ZHANG Y, et al. First-principles investigation of energetics and site preference of He in a W grain boundary. Nucl. Instrum [J]. Methods Phys. Res. Sect. B, 2009, 267: 3189-3192.

[36] XU W, HORSFIELD A P, WEARING D, et al. First-principles calculation of Mg/MgO interfacial free energies [J]. J. Alloys Compd., 2015, 650: 228-238.

[37] YAMAGUCHI M, SHIGA M, KABURAKI H. Grain boundary decohesion by impurity segregation in a nickelsulfur system [J]. Science, 2005, 307: 393-397.

[38] WU X B, YOU Y W, KONG X S, et al. First-principles determination of grain boundary strengthening in tungsten: dependence on grain boundary structure and metallic radius of solute [J]. Acta Mater., 2016, 120: 315-326.

[39] ZHANG S, KONTSEVOI O Y, FREEMAN A J, et al. First principles investigation of zinc-induced embrittlement in an aluminum grain boundary [J]. Acta Mater., 2011, 59:

6155-6167.

[40] ROSE J H, FERRANTE J, SMITH J R. Universal binding energy curves for metals and bimetallic interfaces [J]. Phys. Rev. Lett., 1981, 47: 675.

[41] ZIBROV M, MAYER M, GAO L, et al. Deuterium retention in TiC and TaC doped tungsten at high temperatures [J]. J. Nucl. Mater., 2015, 463: 1045-1048. 17.

[42] ZIBROV M, MAYER M, MARKINA E, et al. Deuterium retention in TiC and TaC doped tungsten under low-energy ion irradiation [J]. Phys. Scr., 2014, T159: 014050.

[43] LIUA R, XIE Z M, YANG J F, et al. Recent progress on the R&D of W-ZrC alloys for plasma facing components in fusion devices [J]. Nucl. Mater. Energy, 2018, 16: 191-206.

[44] WU Z, CHEN X J, STRUZHKIN V V, et al. Trends in elasticity and electronic structure of transition-metal nitrides and carbides from first principles [J]. Phys. Rev. B, 2005, 71: 214103.

[45] YANG X Y, LU Y, ZHANG P. First-principles study of the stability and diffusion properties of hydrogen in zirconium carbide [J]. J. Nucl. Mater., 2016, 479: 130-136.

[46] YANG X, LU Y, ZHANG P. First-principles study of native point defects and diffusion behaviors of helium in zirconium carbide [J]. J. Nucl. Mater., 2015, 465: 161-166.

[47] YANG X Y, LU Y, ZHANG P. The temperature-dependent diffusion coefficient of helium in zirconium carbide studied with first-principles calculations [J]. J. Appl. Phys., 2015, 117: 164903.

[48] DARLING K A, TSCHOPP M A, GUDURU R K, et al. Microstructure and mechanical properties of bulk nanostructured Cu-Ta alloys consolidated by equal channel angular extrusion [J]. Acta Mater., 2014, 76: 168-185.

[49] SASAKI K, YABUUCHI K, NOGAMI S, et al. Effects of temperature and strain rate on the tensile properties of potassium-doped tungsten [J]. J. Nucl. Mater., 2015, 461: 357-364.

[50] KONG X S, WANG S, WU X B, et al. First-principles calculations of hydrogen solution and diffusion in tungsten: Temperature and defect-trapping effects [J]. Acta Mater., 2015, 84: 426-435.

[51] WU X B, KONG X S, YOU Y W, et al. Effects of alloying and transmutation impurities on stability and mobility of helium in tungsten under a fusion environment [J]. Nucl. Fusion, 2013, 53: 073049.

[52] TAKAHASHI J, KAWAKAMI K, KOBAYASHI Y. Origin of hydrogen trapping site in vanadium carbide precipitation strengthening steel [J]. Acta Mater., 2018, 153: 193-204.

[53] KIRCHHEIM R. Changing the interfacial composition of carbide precipitates in metals and its effect on hydrogen trapping [J]. Scr. Mater., 2019, 160: 62-65.

[54] LIU X, LIAN Y Y, GREUNER H, et al. Irradiation effects of hydrogen and helium plasma on different grade tungsten materials [J]. Nucl. Mater. Energy, 2017, 12: 1314-1318.

[55] YANG L, JIANG T, WU Y, et al. The ferrite/oxide interface and helium management in nano-structured ferritic alloys from the first principles [J]. Acta Mater., 2016, 103: 474-482.

[56] KURISHITA H, ARAKAWA H, MATSUO S, et al. Development of nanostructured tungsten

based materials resistant to recrystallization and/or radiation induced embrittlement [J]. Mater. rans., 2013, 54: 456-465.

[57] ALMANGOUR B, BAEK M S, GRZESIAK D, et al. Strengthening of stainless steel by titanium carbide addition and grain refinement during selective laser melting [J]. Mater. Sci. Eng. A, 2018, 712: 812-818.

5 ZrO_2(001)/W(001)界面性质

5.1 概 述

钨及钨合金具有良好的物理性能，如熔点高、高温下的强度高、热导率高和膨胀率低，因此，在聚变堆中，钨及其合金极有可能成为制作面向等离子体的偏滤器的候选材料[1-3]。然而，由于纯钨自身存在的各种脆性缺陷，如低温脆性、再结晶脆性和辐照脆性，使其在聚变堆中的应用受到了限制[4-7]。但是，在加工过程中可以通过微合金化、晶界加工和复合等方式对其脆性缺陷进行改善[8-12]。其中的一个方法就是加入 Zr、Ti、Re 和 Y 微合金化[13-15]，此外制作纳米结构的钨合金也可以采用氧化物弥散强化（ODS）或碳化物弥散强化[16-20]。通常，W-Zr 合金或 W-ZrC 合金室温下的断裂强度和韧性明显得到了提升和改善[9, 13, 20]。合金中的 Zr 和 ZrC 会与晶界处的杂质 O 结合形成 ZrO_2或 Zr-C-O 颗粒，从而钉扎晶界细化晶粒，从而使合金的力学性能得到提高，然而合金中的杂质 O 很容易在晶界处偏聚，降低晶界的结合强度[9, 13, 20]。此外，实验证明 W 基与第二相 ZrC 纳米颗粒形成的共格界面，在 W-ZrC 合金良好的力学性能中起着重要的作用。然而，到目前为止，关于 ZrO_2/W 界面及其对 W 合金的力学性能影响的详细信息还鲜有报道和研究，同样 ZrO_2/W 界面的稳定性和结合强度机理需要开展理论研究。

第一性原理计算被认为是一个用来揭示材料微观信息的有效工具和可靠手段，比如：可以研究 W-La_2O_3、W-TiC 和 W-ZrC 合计材料的界面附近的原子和电子结构特征[21-25]。已有的研究表明 W(110)/La_2O_3(0001) 界面的强度低于纯 W(100) 界面的强度，因此 W-La_2O_3 合金中的 La_2O_3 颗粒被认为是合金断裂的起源[21]。在我们前期的 W-ZrC 合金理论研究表明，由于共格的 ZrC(200)/W(100) 具有最小的界面能，因此此界面最稳定，界面对 H 和 He 原子具有强的捕获性能[24-25]。在这项工作中，利用基于密度泛函的第一性原理系统地研究多个 ZrO_2/W 界面结构的稳定性及其结合强度。然后根据计算得到界面处的原子间成键特征和电子结构信息对其微观机理进行了讨论，由此可以更加深入地理解 ZrO_2/W 界面的特点。

5.2 计算方法

采用了基于密度泛函（DFT）[26-27] 的从头计算软件（VASP）[28-29] 进行了第一性原理的计算研究，计算中采用的势函数是投影戳加平面波（PAW）[30]。W、Zr 和 O 的价电子分别是 $5d^46s^2$、$4d^25s^2$ 和 $2s^22p^4$，采用平面波来描述 W 原子、Zr 原子和 O 原子的价电子。原子核和内部电子的离子势采用 PAW 赝势描述。电子的交换和关联效应采用广义梯度近似（GGA）[32] 下的 PW91 [31] 来描述[33]。截断能的数值为 500eV。利用 Monkhorst-Pack 方法在 $0.03nm^{-1}$ 内进行 k 点取样[34]。采用共轭梯度法对原子的位置进行结构弛豫，每个原子的力小于 0.1eV/nm。

5.3 结果和讨论

5.3.1 块体和表面性质

对块体 W 进行结构优化后，结构表明体心立方 W 的平衡晶格常数是 0.3176nm，这一计算值与已有的理论结果（0.3175nm[21, 23, 35]）一致。已有的研究发现，在 1500～1980℃ 之间，ZrO_2 多晶的稳定相一般是四面体结构[36-37]，优化后的 ZrO_2 晶格结构常数是：$a_{ZrO_2}=0.363$nm，$c_{ZrO_2}=0.524$nm，结果与已有的理论研究结果（$a_{ZrO_2}=0.3626$nm/0.3607nm，$c_{ZrO_2}=0.5225$nm/0.5181nm）吻合得很好[37-38]。在构建界面结构之前，先研究一下 W 和 ZrC 的表面性质是必不可少的。已有的研究表明 W(001) 面是体心立方 W 中的主要断裂面[39-41]。为了使研究结果与实际材料的性质相吻合，要保证 W(001) 和 ZrO_2(001) 两种材料的表面接近块体，需要对 W(001) 和 ZrO_2(001) 表面（见图 5-1（a）、（b）、（d）和（e））的层数，以及真空层的厚度进行一系列的测试计算，得到建立界面结构所需要的最小表面板的层数和真空层的最小厚度。表面的稳定性可以根据表面能（E_{surf}）的数值进行判断，E_{surf} 可以利用下面的公式来计算[42-44]。

$$E_{surf}=\frac{E_{slab}^{tot}-N_{W/Zr}E_{W/ZrO_2}^{bulk}+(2N_{Zr}-N_O)\mu_O}{2S} \tag{5-1}$$

式中，E_{slab}^{tot} 为 W(001) 或 ZrO_2(001) 板的总能量；E_{W/ZrO_2}^{bulk} 为块体 W 或 ZrO_2 每个单元的能量；N_W、N_{Zr} 和 N_O 分别表示板中的 W、Zr 和 O 原子的数目；“2”表示板中上下端两个等价的表面；μ_O 为氧的化学势；S 为 W(001) 或 ZrO_2(001) 表面的面积。

在 ZrO_2(001) 板是化学配比的情下（$2N_{Zr}-N_O$）的值是“0”，在 O 富裕或者 Zr 富裕的情况下其数值分别是负值和正值。需要指出的是，独立于环境的化学配比终端是首选[38]。因此，ZrO_2(001) 表面采用的是化学配比表面。于是，式（5-1）可以简化为[45-46]：

$$E_{\mathrm{surf}} = \frac{E_{\mathrm{slab}}^{\mathrm{tot}} - N_{\mathrm{W/Zr}} E_{\mathrm{W/ZrO_2}}^{\mathrm{bulk}}}{2S} \tag{5-2}$$

经过测试表明，当 W(001) 表面板达到 15 层、ZrO_2(001) 表面板达到 21 层时，其表面能数值收敛于一个常数，此时认为 W(001) 板和 ZrO_2(001) 板为类块体表面，由此可以构建对应的界面结构。W(001) 表面的表面能收敛于 3.93J/m^2，与其他研究人员[22]的理论结果高度一致，ZrO_2(001) 表面的表面能收敛于 1.21J/m^2，与已有的结果相吻合，其他研究人员的结果在 0.79～1.89J/m^2 之间[47-50]。

5.3.2 界面模型和稳定性

构建界面结构时，不同材料表面的晶格常数要匹配，晶格适配度越小构建成的界面的应力也就越小，当然界面处表面的原子密度越大意味着垂直于界面方向成键的原子对越多，界面的结合强度也就越强。充分考虑 ZrO_2(001) 表面和 Mo(001) 表面的晶格适配度、平面原子密度和表面能后，最佳的 ZrO_2(001)/Mo(001) 界面（见图 5-1）是由（$\sqrt{5}\times\sqrt{5}$）的 W(001) 表面与（2×2）的 ZrO_2(001) 表面组成的，此界面的晶格适配度是 2.3%（满足适配度小于 3%的要求）。构建 ZrO_2(001)/Mo（001）界面采用的方法与文献中构建 ZrO_2(001)/Mo(001) 界面的方法类似[38]。

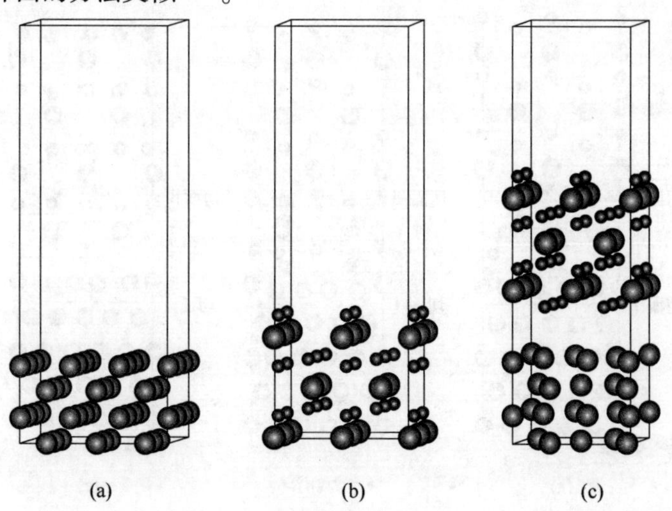

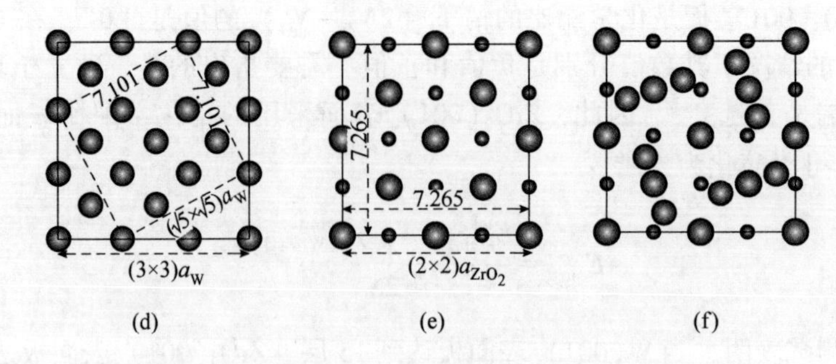

图 5-1 构建 ZrO_2(001)/W(001)界面的示意图

(灰色小球、绿色小球和红色小球分别代表 W、Zr 和 O)

(a) 短虚线正方形是 $\sqrt{5}a_W \times \sqrt{5}a_W$ 的 W(001)表面板的侧视图;

(b) 2×2 的 ZrO_2(001)表面板的侧视图;

(c) $(\sqrt{5}a_W\times\sqrt{5}a_W)ZrO_2(001)/(2\times2a_{ZrO_2})W(001)$界面的侧视图;

(d)~(f) 分别是 (a)~(c) 对应的俯视图

需要指出的是，利用第一性原理软件（VASP）来计算含有位错的半共格或者共格界面实际上是不可行的，因为晶胞的原子数可能多达几千个，这样大的结构体系采用第一性原理计算软件 VASP 来计算，所需的计算量太大了，对硬件的计算性能要求也很高。所以，综合考虑后，研究中采用共格界面模型近似代替实际界面。总共构建了三个不同的类块体界面结构：$ZrO_2(001)_{O1}$/W(001) 界面，$ZrO_2(001)_{O2}$/W(001) 界面和 $ZrO_2(001)_{Zr}$/W(001) 界面，分别标记为：模型Ⅰ、模型Ⅱ和模型Ⅲ（见图 5-2（a）~（c））。界面名称中的下标“O1”和“O2”分别表示界面处的 W 板上方有一层 O（4 个 O 原子）和两层 O 原子（8 个 O 原

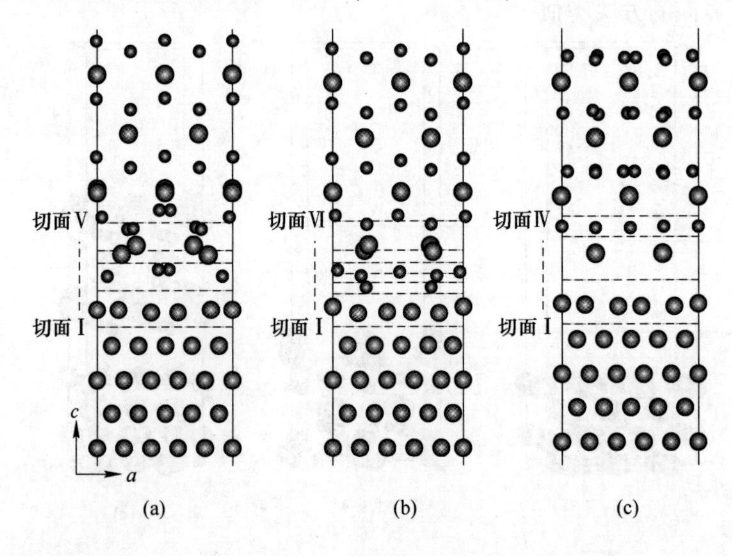

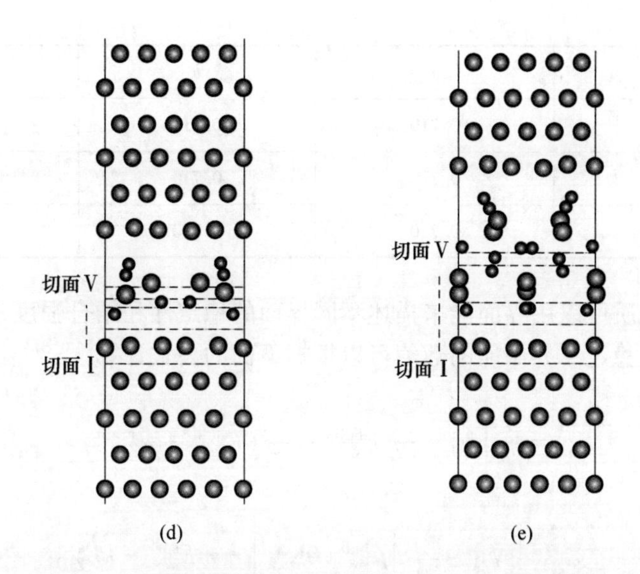

图 5-2 五种典型的 $ZrO_2(001)/W(001)$ 界面的示意图

(水平虚线表示计算分离功时的分离面所在位置。垂直虚线上的Ⅳ，Ⅴ和Ⅵ表示总的可能分离面数目。最大球（绿色）、中等球（灰色）和最小球（红色）分别代表 Zr、W 和 O)

(a) $ZrO_2(001)_{O1}/W(001)$ 界面；(b) $ZrO_2(001)_{O2}/W(001)$ 界面；

(c) $ZrO_2(001)_{Zr}/W(001)$ 界面；(d) $W(001)/ZrO_2(001)_{1ML}/W(001)$ 界面；

(e) $W(001)/ZrO_2(001)_{2ML}/W(001)$ 界面

子)；下标"Zr"代表着有一层 Zr（4 个 Zr 原子）原子；下标"1ML"和"2ML"分别表示两个 W 板之间有一层和两层化学配比的 $ZrO_2(001)$。为了模拟 W 晶界处的 ZrO_2 薄膜的成核和生长，还构建了两个类三明治界面模型，两个 W 板间夹有一层和两层化学配比的 $ZrO_2(001)$，分别标记为模型Ⅳ和模型Ⅴ（见图 5-2（d）和（e））。对于三个类块体界面模型，经过收敛性测试后，W(001) 和 $ZrO_2(001)$ 的层数分别是 15 层和 21 层，z 方向的真空层厚度为 1.5nm。对于类三明治模型界面，两个 15 层 W(001) 板之间分别夹有一层和两层的 ZrO_2(001) 表面。表 5-1 列出了不同界面结构优化后的几何结构参数。由于这些界面模型的横截面不到 1nm × 1nm，然而实验上观察到的 ZrO_2 颗粒尺寸在几十至几百纳米，所以这些界面可以模拟类块体材料。

表 5-1 五种界面模型的晶胞 a、b 和 c 的数值 (nm)

界面	a	b	c
模型Ⅰ	0.710	0.710	5.72
模型Ⅱ	0.710	0.710	5.64

续表 5-1

界面	a	b	c
模型Ⅲ	0.710	0.710	5.64
模型Ⅳ	0.710	0.710	6.58
模型Ⅴ	0.710	0.710	6.77

界面的性质可以用界面能来描述不同界面的稳定性和结合强度。通常界面能越小界面就越稳定。界面能的数值可以根据下面的公式计算[38, 51]：

$$E_{\text{int}} = \frac{1}{nS}\left[E_{\text{int}}^{\text{tot}} - NE_{\text{W}}^{\text{bulk}} - \frac{N_{\text{O}}}{2}\left(E_{\text{ZrO}_2}^{\text{bulk}} + \varepsilon_{\text{ZrO}_2}^{\text{strain}}\right) - \left(N_{\text{Zr}} - \frac{N_{\text{O}}}{2}\right)\mu_{\text{Zr}}^{\text{bulk}}(0\text{K}) \right] - mE_{\text{W}}^{\text{surf}} - kE_{\text{ZrO}_2}^{\text{surf}} \tag{5-3}$$

式中，S 为界面的面积；$E_{\text{int}}^{\text{tot}}$ 为 ZrO_2(001)/W(001) 界面的总能量；$\varepsilon_{\text{ZrO}_2}^{\text{strain}}$ 为在构建 ZrO_2(001)/W(001) 界面时产生同样应变情况下每单元 ZrO_2 的应变能；$\mu_{\text{Zr}}^{\text{bulk}}(0\text{K})$ 为在 0K 下的块体 Zr 的化学势；$E_{\text{W}}^{\text{surf}}$ 和 $E_{\text{ZrO}_2}^{\text{surf}}$ 分别是 W(001) 和 ZrO_2(001) 表面的表面能。

对于类块体界面结构模型，$n=m=k=1$；对于三明治界面模型，n 和 m 的值是 2，k 的值是 0。

为了得到式 (5-3) 中的 $\varepsilon_{\text{ZrO}_2}^{\text{strain}}$，通过计算在 ZrO_2 界面中产生同样的横向应变与块体 ZrO_2 中没有产生应变的能量差值计算应变能，应变能通过下面的公式得到：

$$\varepsilon_{\text{ZrO}_2}^{\text{strain}} = \frac{E_{\text{strain}}^{\text{tot}} - E_{\text{strain-free}}^{\text{tot}}}{N_{\text{units}}} \tag{5-4}$$

式中，$E_{\text{strain}}^{\text{tot}}$ 和 $E_{\text{strain-free}}^{\text{tot}}$ 表示具有同样单位的四面体 ZrO_2 有应变和无应变时的总能量。

经过计算块体 ZrO_2 每单位的应变能是 3.63×10^{-3}eV。

式 (5-3) 中的 $\Delta\mu_{\text{Zr}}(T)$ 的定义是[52-53]：

$$\Delta\mu_{\text{Zr}}(T) = k_{\text{B}}T\ln a_{\text{Zr}} + \Delta_{\text{Zr}}^{\text{bulk}}(T) \tag{5-5}$$

$$\Delta_{\text{Zr}}^{\text{bulk}}(T) = \left[H_{\text{Zr}}^{\text{bulk}}(T) - H_{\text{Zr}}^{\text{bulk}}(0\text{K})\right] - TS_{\text{Zr}}^{\text{bulk}}(T) \tag{5-6}$$

当 T 为热力学温度下绝对零度时，根据式 (5-6) 可以得出 $\Delta_{\text{Zr}}^{\text{bulk}}(T)$ 的数值是

零。相应地，根据式（5-5）可以得到在热力学温度下绝对零度时，$\Delta\mu_{Zr}(T)$ 的数值也是零。结合式（5-3）~式（5-5），可以通过下面的两个公式用来分别处理类块体的界面结构和三明治的界面结构。

$$E_{int} = \frac{1}{S}\left[E_{int}^{tot} - NE_{W}^{bulk} - \frac{N_{O}}{2}(E_{ZrO_2}^{bulk} + \varepsilon_{ZrO_2}^{strain}) - \left(N_{Zr} - \frac{N_{O}}{2}\right)\mu_{Zr}^{bulk}(0K)\right] - E_{W}^{sur} - E_{ZrO_2}^{sur} \tag{5-7}$$

和

$$E_{int} = \frac{1}{2S}\left[E_{int}^{tot} - NE_{W}^{bulk} - \frac{N_{O}}{2}(E_{ZrO_2}^{bulk} + \varepsilon_{ZrO_2}^{strain}) - \left(N_{Zr} - \frac{N_{O}}{2}\right)\mu_{Zr}^{bulk}(0K)\right] - 2E_{W}^{sur} \tag{5-8}$$

图 5-3 给出了五个界面结构的界面能结果，表 5-2 列出了相应的有应变和无应变情况下的界面能数值。从图 5-3 可以看出，在两个三明治界面模型中，模型Ⅳ具有最小的界面能，模型Ⅴ的界面能稍大于模型Ⅳ的界面能，更小的界面能意味着类三明治结构比类块体界面结构更加稳定。在三个类块体界面模型中，模型Ⅱ的界面能比模型Ⅰ的界面能小，意味着界面处 O 原子更多的情况下界面更加稳定，这与研究 Mo(001)-ZrO_2(001) 界面系统得到的结论一致[38]。从表 5-2 可以发现，ZrO_2 的应变能对类块体界面结构的界面能有影响，但是影响很小，对类三明治界面来说，其界面能几乎没有受到 ZrO_2 应变能的影响。

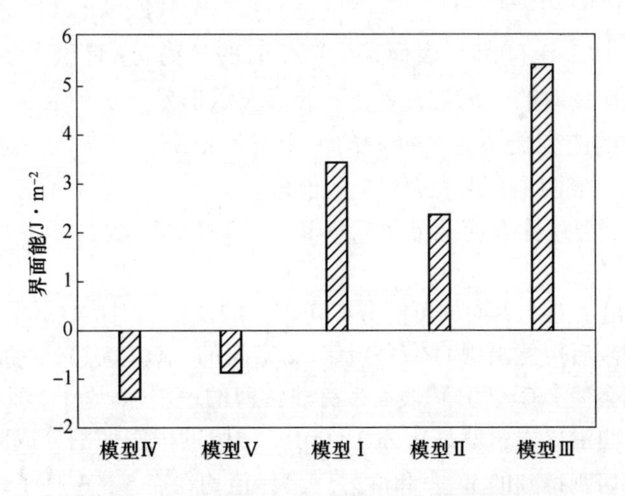

图 5-3　五种化学配比的 ZrC/W 界面的界面能

表 5-2 在有 ZrO_2 应变能和无 ZrO_2 应变能情况下，五种界面结构的界面能

界面	E_{int}/J · M^{-2}	
	有应变	无应变
模型Ⅰ	3.40	3.43
模型Ⅱ	2.35	2.39
模型Ⅲ	5.43	5.47
模型Ⅳ	-1.41	-1.41
模型Ⅴ	-0.89	-0.89

5.3.3 界面结合强度、脆性和强度

界面的力学稳定性可以通过分离功（W_{sep}）来描述，把一个界面分成两个独立的自由表面所需的能量（见图 5-4）。W_{sep}越大表明切割界面需要的能量也就越多[54]。先求切割成两个自由表面各自对应的总能量，再求分离前界面的总能量，然后就可以利用式（5-9）和式（5-10）分别求有应变和无应变两种情况下的界面分离功[55]：

$$W_{sep}^{应变} = \frac{E_{W}^{slab} + E_{ZrO_2}^{slab} - E_{int}^{tot}}{S} \tag{5-9}$$

和

$$W_{sep}^{无应变} = \frac{E_{W}^{slab} + E_{ZrO_2}^{slab} - N_{units}\varepsilon_{ZrO_2}^{strain} - E_{int}^{tot}}{S} \tag{5-10}$$

式中，$W_{sep}^{应变}$ 表示 ZrO_2(001) 表面发生应变时的分离功；$W_{sep}^{无应变}$ 表示 ZrO_2(001) 表面没有发生应变时的分离功，$W_{sep}^{无应变}$的值表示把界面切割成两个自由表面后，储存在界面中的应变能被完全释放的一个量度；E_{W}^{slab} 和 $E_{ZrO_2}^{slab}$为把 ZrO_2(001)/W(001) 界面分成两个自由表面对应的能量。

图 5-4 所示为计算有应变分离功（$W_{sep}^{应变}$）和无应变分离功（$W_{sep}^{无应变}$）的示意图。

图 5-2 给出了五个界面的可能分离切割面的位置。对类块体界面沿分离平面进行切割，切割后可能出现 O 富裕或者 Zr 富裕的 ZrO_2(001) 表面。比如，从模型Ⅰ位置切割会使 ZrO_2(001) 表面带有非常薄的一层 W 原子。比如从模型Ⅴ的位置切割类三明治界面，就是从 ZrO_2(001) 薄膜的中间切割分成对称的两部分。从不同分离面切割得到的 $W_{sep}^{应变}$和 $W_{sep}^{无应变}$具体值均在表 5-3 中列了出来。从表 5-3 中分离功的值分析发现，模型Ⅰ、模型Ⅱ、模型Ⅲ、模型Ⅳ和模型Ⅴ中各自对应

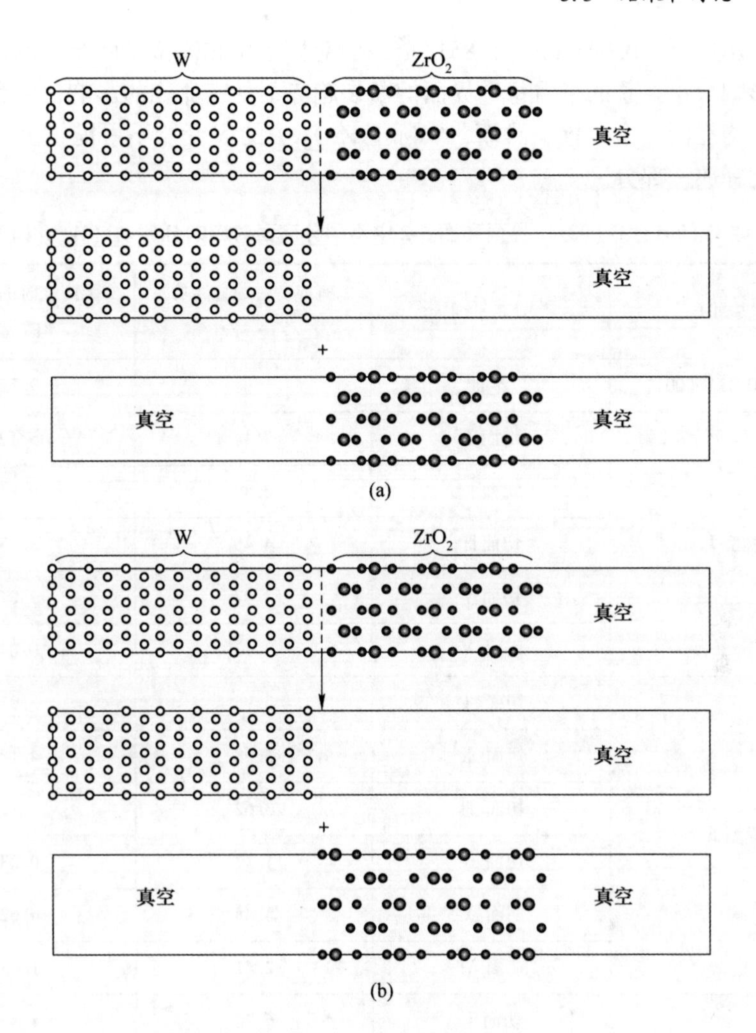

图 5-4 计算分离功的示意图
（虚线表示的是界面）
（a）计算有应变的分离功（$W_{sep}^{应变}$）；（b）计算无应变的分离功（$W_{sep}^{无应变}$）

的最易分离的平面在不同的位置，分别是：平面Ⅱ、平面Ⅳ、平面Ⅱ、平面Ⅲ和平面Ⅱ，从这些平面位置最容易把界面分离，所需的分离功也最小，五个界面的最小值分离功分别是：2.00J/m^2、1.17J/m^2、3.37J/m^2、2.33J/m^2 和 1.84J/m^2。对比分析可以发现，界面从平面Ⅱ处的分离对应着界面断裂为 W 和 ZrO_2 两个独立的板，从平面Ⅲ和平面Ⅳ处的分离是由于 ZrO_2 板的 O—O 键的断裂形成的。由于构建界面时两侧板的晶格变化，因此需要考虑应变对界面分离功的影响，从表 5-3 中可以发现无应变下的分离功的值比应变下的分离功的值小，对模型Ⅰ、模型Ⅱ、模型Ⅲ，三个类块体界面结构的结果影响较大，$W_{sep}^{应变}$ 与 $W_{sep}^{无应变}$ 的差分别为：1.16J/m²、0.94J/m²、1.85J/m²，而对模型Ⅳ和模型Ⅴ两个三明治界面的分离功影响很小。总的来看每个界面的断裂趋势不受应变能的影响，两种情况下的断裂面均在同一个位置。然而，实际上 ZrO_2 中的应变能不可能被完全释放出来，只能释放一部分。

表 5-3 纯 W(001)/W(001) 界面和图 5-2 中不同分离面对应的分离功（$W_{sep}^{应变}$ 和 $W_{sep}^{无应变}$）

界面	分离平面	有应变时的分离功 /J·m⁻²	无应变时的分离功 /J·m⁻²
纯 W(001)/W(001)	界面	—	7.72
模型Ⅰ	切面Ⅰ	7.44	5.12
	切面Ⅱ	**2.00**	**0.84**
	切面Ⅲ	4.45	3.53
	切面Ⅳ	3.97	2.87
	切面Ⅴ	2.13	0.84
模型Ⅱ	切面Ⅰ	5.95	3.91
	切面Ⅱ	5.58	4.17
	切面Ⅲ	3.62	1.87
	切面Ⅳ	**1.17**	**0.23**
	切面Ⅴ	5.48	4.62
	切面Ⅵ	2.41	1.45
模型Ⅲ	切面Ⅰ	6.20	4.89
	切面Ⅱ	**3.37**	**1.52**
	切面Ⅲ	8.13	6.86
	切面Ⅳ	9.94	8.93
模型Ⅳ	切面Ⅰ	7.45	6.23
	切面Ⅱ	2.61	2.49
	切面Ⅲ	**2.33**	**2.22**
	切面Ⅳ	2.82	2.72
	切面Ⅴ	3.24	3.15

续表 5-3

界面	分离平面	有应变时的分离功 /J·m^{-2}	无应变时的分离功 /J·m^{-2}
模型Ⅴ	切面Ⅰ	7.31	5.98
	切面Ⅱ	**1.84**	**1.64**
	切面Ⅲ	4.26	4.09
	切面Ⅳ	4.20	3.84
	切面Ⅴ	1.86	1.66

注：$W_{sep}^{应变}$是 ZrO_2 发生与界面中同样的应变时的分离功；$W_{sep}^{无应变}$是 ZrO_2 无应变时的分离功。

描述界面力学稳定性的另外一个物理量是理论强度。逐渐增加界面的分离间距，逐个计算出对应分离间距的分离能，然后通过拟合分离能与分离间距的关系曲线得到理论强度。实际操作中，通常采用以下两种不同的拉伸方法对界面进行拉伸。第一种方法，把界面分成两个自由表面，对分开的两个表面不进行结构弛豫直接进行拉伸[56-57]。第二种方法，对分离开的两个自由表面中的原子进行完全结构弛豫[58-60]，但是这样的拉伸方法非常耗费时间。一般情况下，当界面有大的应变并开始断裂时，结构弛豫达到收敛是很困难的[61]。在研究当中，首先假定断裂面是平行于界面的，这是一个理想假设，实际的界面断裂不是这样的。分离面上方和下面的表面被刚性拉伸开一定间距，随着分离间距的逐渐增加，比如：0.02nm，0.04nm，0.06nm，…，0.6nm 等，五个界面结构各自在不同位置的界面断裂能（E_{frac}）见表 5-4。为了能够较准确地得到界面的理论强度，取样过程中的点越多得到的结果越准确，综合衡量后，对于每一个界面，建立了大约 15 个不同分离间距的界面结构。对于每一个具体的分离间距的界面，均采用上述两种方法进行了理论计算，第一种方法，采用刚性模型，不进行结构弛豫，第二种方法，每个分离间距的结构模型进行完全结构优化。结构优化时我们选择只在 z 轴方向进行结构优化，界面最外端的两个表面层原子都被固定，结构优化过程中不动，这样操作为了模拟晶粒内的环境近似为块体状态[56, 62]。

表 5-4 五个不同界面结构模型的不同分裂间距的界面断裂能

界面分裂间距 /nm	模型Ⅰ的断裂能 /J·m^{-2}		模型Ⅱ的断裂能 /J·m^{-2}		模型Ⅲ的断裂能 /J·m^{-2}		模型Ⅳ的断裂能 /J·m^{-2}		模型Ⅴ的断裂能 /J·m^{-2}	
	刚性	优化	刚性	优化	刚性	优化	刚性	优化	刚性	优化
0	0	0	0	0	0	0	0	0	0	0

续表 5-4

界面分裂间距/nm	模型Ⅰ的断裂能/J·m⁻²		模型Ⅱ的断裂能/J·m⁻²		模型Ⅲ的断裂能/J·m⁻²		模型Ⅳ的断裂能/J·m⁻²		模型Ⅴ的断裂能/J·m⁻²	
	刚性	优化	刚性	优化	刚性	优化	刚性	优化	刚性	优化
0.02	0.22	0.02	0.25	0.03	0.44	0.04	0.26	0.06	0.21	0.02
0.04	0.67	0.07	0.73	0.00	1.52	0.22	0.73	0.13	0.62	0.07
0.06	1.16	0.14	1.22	0.22	2.90	0.51	1.27	0.23	1.05	0.15
0.08	1.58	0.20	1.63	0.38	4.32	0.58	1.81	0.36	1.42	0.26
0.1	1.81	0.18	1.95	0.27	5.69	0.63	2.29	0.53	1.71	0.40
0.12	2.17	0.16	2.18	0.45	6.95	0.01	2.70	0.74	1.93	0.57
0.14	2.36	0.17	2.35	0.65	8.08	0.93	2.87	0.85	2.09	0.88
0.16	2.49	0.19	2.48	0.97	9.09	1.48	3.03	0.97	2.19	0.78
0.18	2.59	0.37	2.58	1.28	9.97	—	3.29	1.22	2.27	1.30
0.2	2.66	1.88	2.65	1.32	10.72	3.32	3.48	1.50	2.32	1.73
0.3	2.80	1.93	2.82	1.34	12.83	2.35	3.94	2.29	2.42	1.84
0.4	2.83	1.95	2.87	1.39	13.45	3.33	4.00	2.32	2.44	1.85
0.5	2.84	1.95	2.90	1.20	13.56	12.93	4.02	2.33	2.45	1.85
0.6	2.84	1.95	2.91	1.21	13.57	12.94	4.03	2.34	2.46	1.86

不同分离间距的界面断裂能（E_{frac}）采用下面的公式求解：

$$E_{frac} = \frac{E_{\infty} - E_0}{S} \tag{5-11}$$

式中，E_0 为界面在没有分离（界面分离前界面能最稳定时的结构）时的界面总能量；E_{∞} 为界面分离间距足够大（界面能不再随着分离间距的增加而改变）时的界面总能量。总能量与分离间距的变化关系，可以通过 Rose 等人[63]提出的一个通用函数来拟合出满足它们的关系曲线，拟合函数方程如下：

$$E(x) = E_{frac} - E_{frac}\left(1 + \frac{x}{\lambda}\right)e^{\frac{-x}{\lambda}} \tag{5-12}$$

式中，λ 为特征分离长度。

拉伸应力是拟合函数（$E(x)$）的一阶导数。

$$E'(x)=\frac{xE_{\text{frac}}}{\lambda^2}e^{\frac{-x}{\lambda}} \tag{5-13}$$

对 $E(x)$ 求二阶导数有：

$$E''(x)=\frac{E_{\text{frac}}}{\lambda^2}e^{\frac{-x}{\lambda}}\left(1-\frac{x}{\lambda}\right)$$

当 $E(x)$ 的二阶导数等于0的时候，即 $x=\lambda$ 时，$E(x)$ 可以取值最大，相应的最大理论拉伸强度 $\sigma_{\max}$ 为：

$$\sigma_{\max}=E'(x=\lambda)=\frac{E_{\text{frac}}}{\lambda e} \tag{5-14}$$

图5-5（a）和（c）给出了5个典型界面的分离能与分离间距的关系曲线，对模型Ⅰ、模型Ⅲ和模型Ⅴ界面来说最容易断裂的位置是在平面Ⅱ，而模型Ⅱ和模型Ⅳ界面模型最容易断裂的位置分别在平面Ⅳ和平面Ⅲ。图5-5（a）和（c）也给出了分离能与分离间距的Rose函数拟合曲线。从图中曲线可以看出，开始阶段随着分离间距的增加分离能增加较快，随着分离间距的持续增加，分离能逐渐趋于一个常数，此时可近似认为两分离部分之间无相互作用了。从图5-5（a）和（c）可以发能量变化随分离间距的变化规律与Rose拟合曲线的规律完全一致，从而可以得到五个界面的断裂能的数值，不同体系的最易断裂平面对应的分离能结果见表5-4。

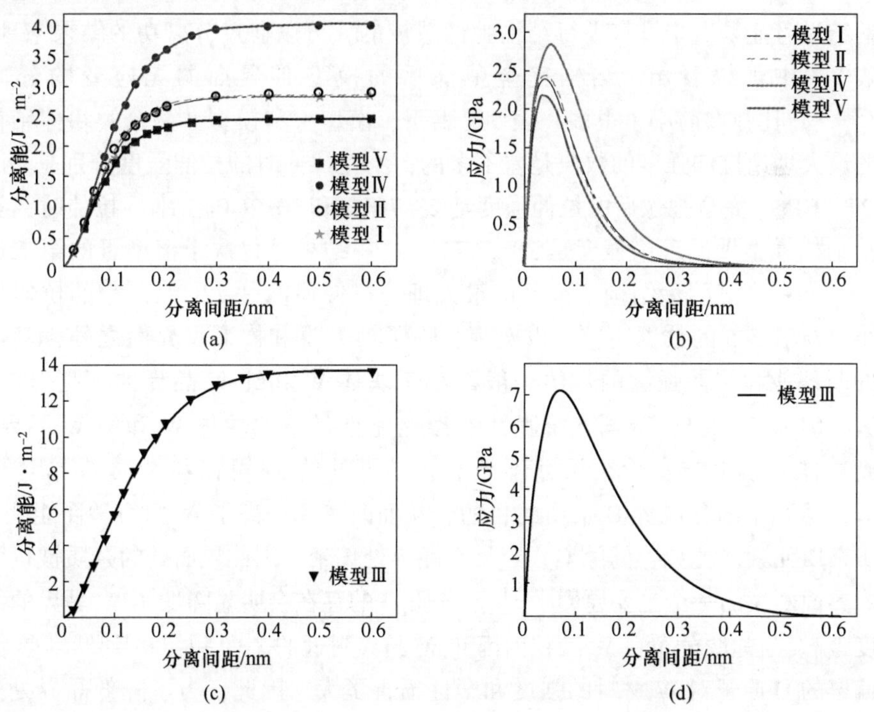

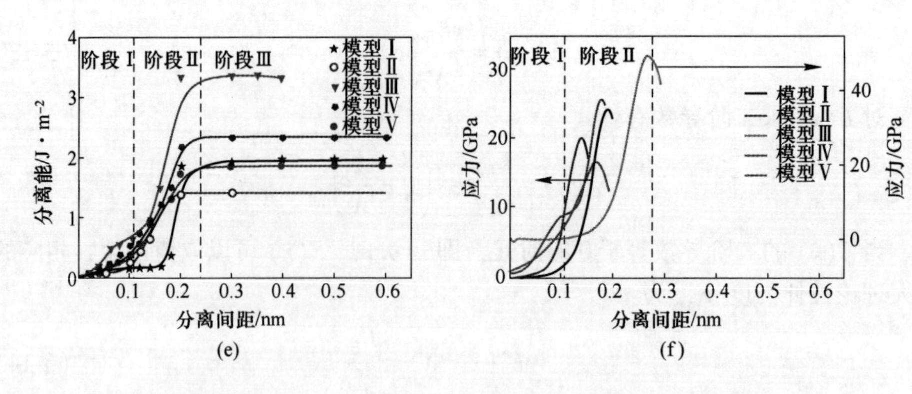

图 5-5 五个界面的分离能和应力随分离间距的关系曲线

(a) 刚性模型计算得到的分离能(实线是 Rose 函数拟合曲线); (b) 与(a)对应的应力曲线;
(c) 模型Ⅲ的分离能曲线(实线是 Rose 函数拟合曲线); (d) 模型Ⅲ的应力曲线;
(e) 完全结构弛豫情况下得到的分离能曲线; (f) 与 (e) 对应的应力曲线

图 5-5 (b) 和 (d) 给出了静态计算得到的拉伸应力与分离间距的函数关系。界面的最大理论拉伸强度 σ_{max} 可以从图 5-5 (b) 和 (d) 中曲线的顶端的对应峰值得到，所有界面的最大拉伸强度值见表 5-5，包括刚性分离和完全弛豫分离两种情况下的结果。从表 5-5 可以发现，理论拉伸强度 σ_{max} 最大的界面是 $ZrO_2(001)_{Zr}$/W(001) 界面 (模型Ⅲ)，最大拉伸强度的数值是 72GPa。这个反常的结果可能是由于没有进行结构弛豫造成的，可以通过分离功的结果来理解，从表 5-3 中可以看出，结构完全弛豫后的模型Ⅲ界面的无应变的分离功 ($W_{sep}^{无应变}$) 比弛豫前小了很多。表 5-5 表明，模型Ⅰ和模型Ⅱ两个类块体结构模型的最大理论拉伸强度的数值是差不多的，刚性拉伸时的拉伸强度分别是 24GPa 和 24. 5GPa，完全弛豫后的拉伸强度是 23. 7GPa 和 20. 2GPa。刚性拉伸时，类三明治结构模型Ⅳ的理论强度是 28. 5GPa，这一结果是仅次于模型Ⅲ的第二最大值，另外一个三明治结构模型Ⅴ的最大理论拉伸强度是 22GPa，它的拉伸强度最小。从表 5-5 的数据比较可以发现，除了模型Ⅲ和模型Ⅳ界面之外，其他界面的断裂能和拉伸强度的数值一般都小于块体 W 和纯 W 晶界的[54]，这表明 ZrO_2(001)/W(001) 界面在抗脆性断裂性能上是不如块体 W 和纯 W 晶界的。得到这样的结论与实验结果并不矛盾，晶界处的 Zr 可以与杂质 O 结合形成 ZrO_2，达到了净化晶界 O 杂质的目的，从而改善和提高了 W 的力学性能[9, 64]。由于杂质元素 (比如：间隙 O) 容易在晶界处偏聚，因此界面处的杂质被认为是造成界面断裂的一个主要原因[9, 14]。杂质 O 的存在会明显降低了 W 晶界的结合强度[65]。与弥散分布在 W 晶粒内部和 W 晶界附近的 ZrO_2颗粒相比[64]，在晶界处偏聚的 O 原子对 W 材料的强度和塑性损害更大。因此，为了降低晶界处的 O

对材料性能的影响，实验上可以通过添加 Zr 或者 ZrC 弥散颗粒与材料中的 O 杂质形成 ZrO_2 颗粒或其他的 Zr-O 颗粒，使其净化晶界处的杂质 O，从而改善和提高 W 的力学性能[9, 64]。

表 5-5 刚性模型和完全弛豫下的五种界面的断裂能和理论拉伸强度 σ

分离方法	体系	分离面	断裂能/J·m^{-2}	理论拉伸强度/GPa
刚性分离	模型Ⅰ	切面Ⅱ	2.84	24.0
	模型Ⅱ	切面Ⅳ	2.91	24.5
	模型Ⅲ	切面Ⅱ	13.57	72.0
	模型Ⅳ	切面Ⅲ	4.03	28.5
	模型Ⅴ	切面Ⅱ	2.46	22.0
	块体 W		7.07	36.9
	纯 GB		4.77	24.7
弛豫分离	模型Ⅰ	切面Ⅴ	1.96	23.7
	模型Ⅱ	切面Ⅳ	1.21	20.2
	模型Ⅲ	切面Ⅱ	12.93	49.5
	模型Ⅳ	切面Ⅲ	2.34	25.7
	模型Ⅴ	切面Ⅱ	1.86	16.6
	块体 W		7.07	29.4
	纯 GB		4.77	26.5

注：块体 W 和 Σ3（111）W 晶界的断裂能和拉伸强度是 Wu 等人[56]计算的结果。

图 5-5（e）给出了五种界面中最容易断裂面（见表 5-3 中黑色加粗分离面或表 5-5 中所示的分离面）对应的分离能随分离间距的变化关系。从图中可以看出，分离能有三个明显不同的阶段（阶段Ⅰ、阶段Ⅱ和阶段Ⅲ）。在阶段Ⅰ，在界面中预先引入的小的断裂在结构优化的过程中得到“治愈”和“消除”。分离能和分离间距的关系严格遵守胡克定理（Hooke's law）。在阶段Ⅱ，引入的预断裂就不能在结构优化的过程得到“治愈”了，当分离间距达到一个临界值的时，分离能突然大幅度增加，这预示着界面的突然断裂。分离间距进一步增加到达阶段Ⅲ，界面已经彻底的断裂了，分离能随着分离间距的增加变化很缓慢，最终界面的分离能收敛于某一个常数，这时分离面两侧的两个表面之间再

没有相互作用了。图 5-5（f）给出了完全结构弛豫后的拉伸应力与分离间距的函数关系曲线。表 5-5 列出了完全结构弛豫的五种界面的断裂能和最大理论拉伸强度（σ_{max}）。通过比较不弛豫与完全弛豫两种情况下的拉伸强度和断裂能的数值，可以发现，弛豫后的结果一般低于不弛豫的结果。这是因为结构优化后，界面内部存在的应力得到了释放。虽然不进行结构优化和完全结构优化两种情况下的结果不一样，但不同界面结构的断裂能和最大拉伸强度的变化趋势是一样的。

5.3.4 电子结构

界面附近原子间的化学键的结合强弱可以用界面附近原子间的电荷是增加还是减少直接进行判断，这种变化可以通过差分电荷密度来进行分析和判断。因此，利用 VASP 计算了五个界面模型的差分电荷密度（见图 5-6（a）、（b）和（e）~（g））进行了计算。为了方便分析，选择了其中两个典型的界面结构（类块体界面模型Ⅰ和类三明治界面模型Ⅳ），计算了其电荷密度（见图 5-6（c）和（d））。

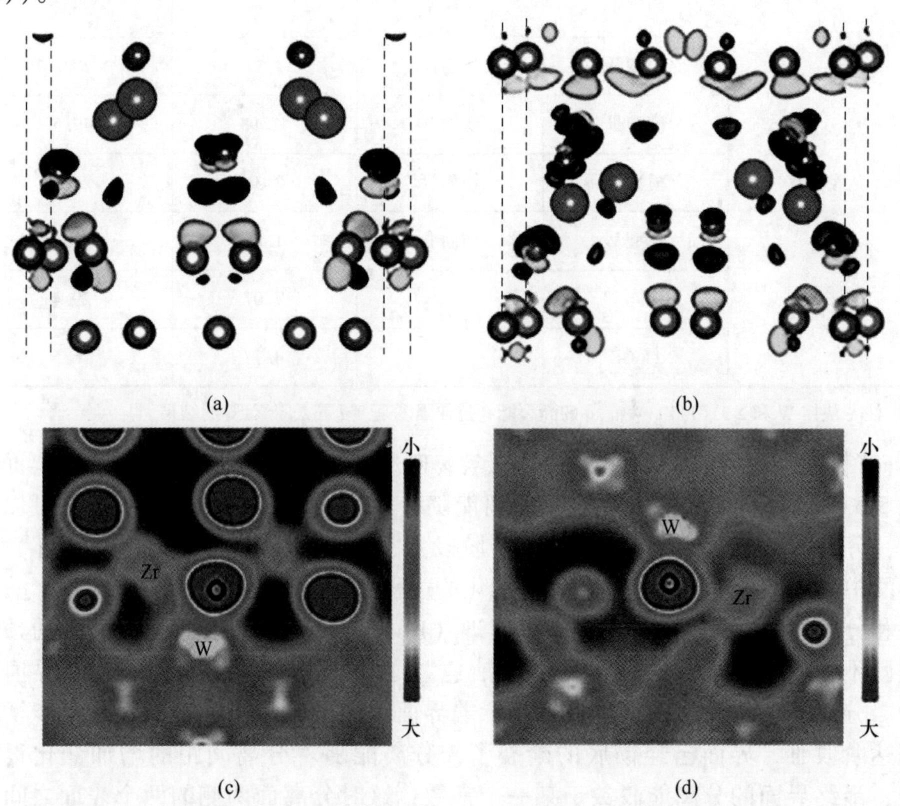

(a) (b) (c) (d)

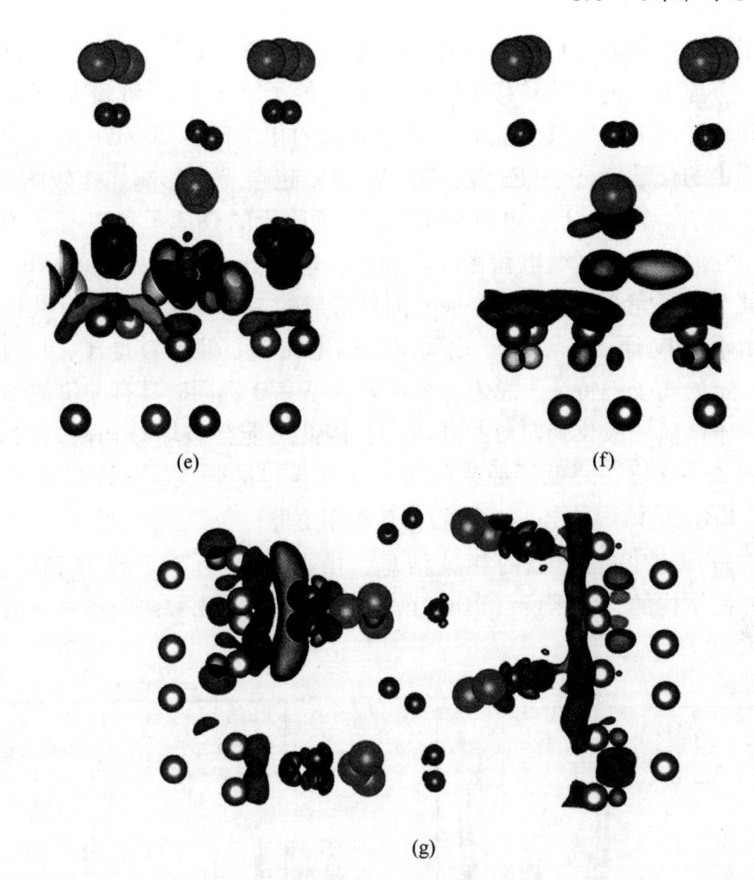

图 5-6 $ZrO_2(001)_{O1}$/W(001)(模型Ⅰ)和 W(001)/$ZrO_2(001)_{1ML}$/W(001)(模型Ⅳ)界面的电荷密度和差分电荷密度分布图

(差分电荷密度图中，蓝色区域表示电荷增加，黄色区域表示电荷减少；灰色球、绿色球和红色球分别代表 W、Zr 和 O 原子)

(a) 模型Ⅰ的差分电荷；(b) 模型Ⅳ的差分电荷；(c) 模型Ⅰ的电荷密度；(d) 模型Ⅳ的电荷密度；(e) 模型Ⅱ的差分电荷；(f) 模型Ⅲ的差分电荷；(g) 模型Ⅴ的差分电荷

通过比较图 5-6 (a) 和 (b) 可以发现，模型Ⅰ的电荷的局域化程度比模型Ⅳ的更加局域化，模型Ⅰ界面的电荷再分布主要发生在靠近界面的第一层的原子周围，观察模型Ⅳ界面的差分电荷发现，甚至其第二层的原子也出现了电荷再分布，电荷局域化的范围比模型Ⅰ界面更大。模型Ⅳ出现这样的电荷局域化的原因可能是电荷的传输发生在界面两侧的 W 原子和 O 原子之间，而类块体模型Ⅰ中的电荷传输只发生在界面的一侧。这样的差别意味着模型Ⅳ界面中有更多的电荷在垂直于界面的方向发生了转移，所以就会导致此界面的强度增加和界面的界面能比模型Ⅰ的界面能更低，相应的计算结果列在了表 5-2 和表 5-5 中。从图 5-6 (f) 可知，到靠近 W 的是 Zr 层时，W 和 Zr 原子周围的电荷均向两原子中间的区域聚集，聚集的位置并不明显的偏向 W 或 Zr 原子。从图 5-6 可以发现，组成界面时，原子间的电荷转移主要发生在 O 原子、W 原子和 Zr 原子之间，它们之间出现这样的电荷转移现象暗示着形成新的化学键，如：W—O 键和 Zr—O 键，原块体中的化学键（C—Zr 键、W—W 键）也会受到影响。比较图 5-6（a）和（b）所示的两界面的差分电荷密度图，界面附近的 O 原子和 W 原子均失去部分电荷，在它们之间的区域电荷密度增加了，这部分电荷由两个原子共同占有，并不是被某个原子完全占有，这表明界面处形成的 W—O 化学键具有共价键的典型特征。由于在 W 原子与 O 原子之间增加的电荷中心偏向 O 原子，因此 W—O 键呈现出一定的离子键特征。总之，界面处的 W—O 键同时具有共价键和离子键的特征。由于电荷的极化朝向 O 原子方向，因此可能会破坏 O 与附近的 Zr 之间原来形成的 Zr—O 键，降低了原来的 Zr—O 化学键的强度，从而导致界面处的 Zr—O 键比 ZrO_2 块体中的 Zr—O 键的相互作用更弱。

为了进一步获得电子态的相关信息，由此计算了 5 个典型 $ZrO_2(001)/W(001)$ 界面结构的分态密度（PDOS），三个类块体界面和两个类三明治界面的 PDOS 如图 5-7 所示。

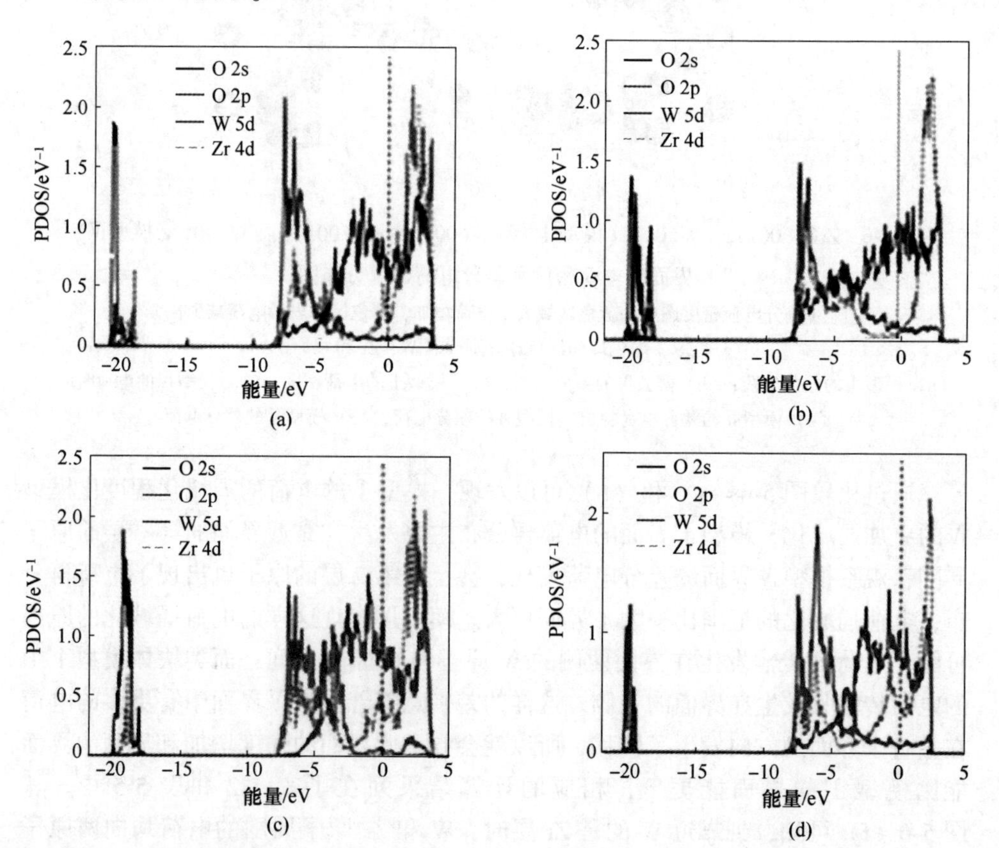

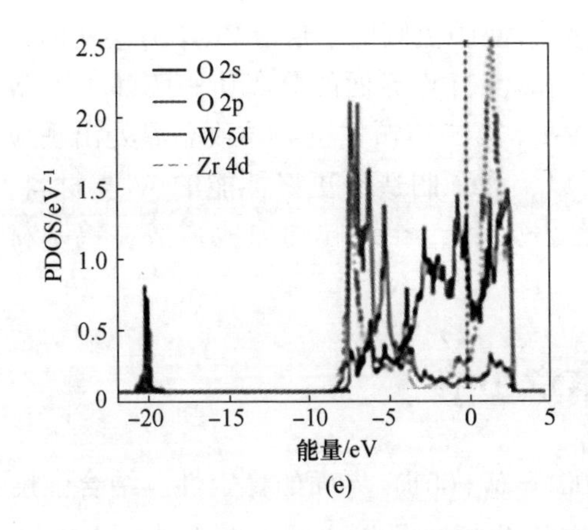

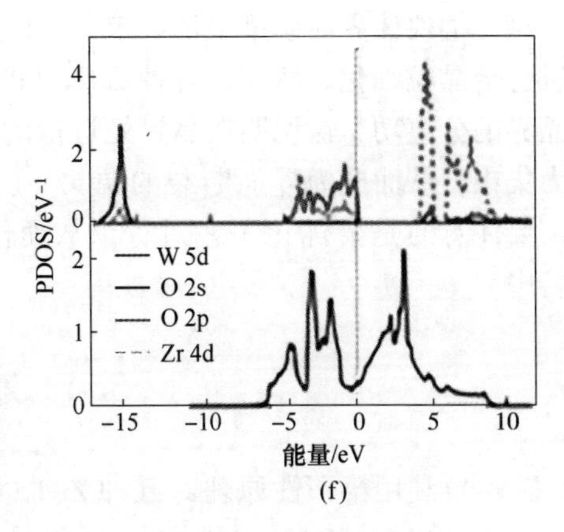

图 5-7 界面和块体中的 O、W 和 Zr 原子的分态密度（PDOS）

（图中的虚线是费米面）

(a) $ZrO_2(001)_{O1}$/W(001)界面的 PDOS；(b) $ZrO_2(001)_{O2}$/W(001)界面的 PDOS；

(c) $ZrO_2(001)_{Zr}$/W(001)界面的 PDOS；(d) W(001)/$ZrO_2(001)_{1ML}$/W(001)界面的 PDOS；

(e) W(001)/$ZrO_2(001)_{2ML}$/W(001)界面的 PDOS；(f) ZrO_2 和 W 块体的 PDOS

图 5-7（f）给出了块体 W 中 W 的 PDOS 以及块体 ZrO_2 的 O 和 Zr 的 PDOS，从而方便比较块体与界面中相应元素的 PDOS。从界面的 PDOS 图可以看出费米面处的峰不为零，界面呈现出一定的金属特征，主要是由界面处的 O 2p、W 5d 和 Zr 4d 轨道的贡献形成的。然而与块体中的 PDOS 相比发现，界面中的 W、Zr 和 O 的 PDOS 更加的离域化，这个结果与从图 5-6 中的差分电荷密度得到的结果是一致的。通过比较图 5-7（a）、(b)、(d) 和（e）发现，在-21～-20eV 区间以及-20～-18eV 区间范围内，O 2s 轨道与 Zr 4d 及 W 5d 轨道是重叠的，这意味着界面处的 O 原子与 Zr 原子之间（或者 W 原子之间）存在相互作用。通过分析图 5-7（c）也可以看出，O 2p 轨道和 W 5d 轨道在-8～2.5eV 的区间是重叠的，这证明五个界面在这个范围内 O 2p 轨道和 W 5d 轨道具有最强的杂化，这也许就是模型Ⅲ界面的强度最强的原因，这个结论与表 5-2 中列出的所有界面的分离功的结果是一致的。此外，可以看到在价带上部的-8～-4eV 区间，O 2p 轨道和 Zr 4d 轨道有一个较强的杂化，然而 O 2p 轨道和 W 5d 轨道的杂化作用较弱。这表明 Zr—O 化学键是共价键，而 W—O 化学键是离子键。

众所周知，在实验中 W 基合金可以通过添加纳米尺寸的 ZrC 颗粒通过弥散强化来提高合金的强度和塑性。ZrC 弥散强化得到具有良好力学性能的 W 基合金被认为是由于 Zr 或者 ZrC 净化了晶界处的杂质 O、Zr 或 ZrC 捕获界面处的 O 形成 ZrO_2 或者 Zr-C-O 颗粒，这些颗粒起到钉扎晶界和细化晶粒的作用[20]。

研究 ZrO_2(001)/W(001) 界面过程中，从能量的角度来看，类三明治界面模型比类块体界面模型更加稳定，这说明在 W 中更倾向于形成 ZrO_2 薄层从而促进合金晶粒细化。然而，五种 ZrO_2(001)/W(001) 界面的分离功一般都小于 W 晶界的分离功，这说明在晶界处过量的 ZrO_2 第二相颗粒也会导致晶界处出现应力集中，从而成为界面断裂的源头。所以，为了制造出更好性能的 W 基材料，需要注意的是要优化工艺过程，从而使 ZrO_2 第二相颗粒均匀地弥散在钨基材料中。

5.4 本章小结

本章利用第一性原理对五种 ZrO_2(001)/W(001) 界面的稳定性、结合强度和它们的界面处原子的化学键的特征进行分析。分析表明，两个 15 层 W 板 (slab) 之间夹有一层或两层化学配比的 ZrO_2(001) 表面形成的类三明治 ZrO_2(001)/W(001) 界面结构比类块体 ZrO_2(001)/W(001) 界面更加稳定。根据不同分离面对应的界面分离功结构分析发现，机械失效也许不会出现在界面位置，有可能是界面附近的 W—O 键或者 O—O 键的断裂造成的。五个 ZrO_2(001)/W(001) 典型界面的断裂能和拉升强度一般都比相应的块体 W 和纯 W 晶界的低，这意味着与块体 W 或者纯 W 晶界相比而言，五种 ZrO_2(001)/W(001) 界面的抗断裂性能更差。界面的电子结构分析表明 Zr—O 化学键是典型的共价键，然而 W—O 化学键既有共价键的特征也有离子键的特征。本章分析结果与文献给出的实验观察结果高度一致。

参考文献

[1] CAUSEY R, WILSON K, VENHAUS T, et al. Tritium retention in tungsten exposed to intense fluxes of 100 eV tritons [J]. J. Nucl. Mater., 1999, 266-269: 467-471.

[2] RIETH M, DUDAREV S L, GONZALEZ DE VICENTE S M, et al. Vicente Gonzalez de, et al. Recent progress in research on tungsten materials for nuclear fusion applications in Europe [J]. J. Nucl. Mater., 2013, 432: 482-500.

[3] PHILIPPS V. Tungsten as material for plasma-facing components in fusion devices [J]. J. Nucl. Mater., 2011, 415: S2-S9.

[4] NEMOTO Yoshiyuki, HASEGAWA Akira, SATOU Manabu, et al. Microstructural development of neutron irradiated W-Re alloys [J]. J. Nucl. Mater., 2000, 283-287: 1144-1147.

[5] KURISHITA H, ARAKAWA H, MATSUO S, et al. Development of nanostructured tungsten based materials resistant to recrystallization and/or radiation induced embrittlement [J]. Mater. Trans., 2013, 54: 456-465.

[6] XIE Z M, LIU R, MIAO S, et al. High thermal shock resistance of the hot rolled and swaged bulk W-ZrC alloys [J]. J. Nucl. Mater., 2016, 469: 209-216.

[7] KURISHITA H, MATSUO S, ARAKAWA H, et al. Development of re-crystallized W-1.1%TiC

with enhanced room-temperature ductility and radiation performance [J]. J. Nucl. Mater., 2010, 398: 87-92.

[8] WURSTER S, GLUDOVATZ B, HOFFMANN A, et al Reinhard Pippan, Fracture behaviour of tungsten-vanadium and tungsten-tantalum alloys and composites [J]. J. Nucl. Mater., 2011, 413: 166-176.

[9] XIE Z M, LIU R, FANG Q F, et al. Spark plasma sintering and mechanical properties of zirconium micro-alloyed tungsten [J]. J. Nucl. Mater., 2014, 444: 175-180.

[10] KECSKES L J, CHO K C, DOWDING R J, et al. Grain size engineering of bcc refractory metals: Top-down and bottom-up—Application to tungsten [J]. Mater. Sci. Eng. A, 2007, 467: 33-43.

[11] FALESCHINI M, KREUZER H, KIENER D, et al. Fracture toughness investigations of tungsten alloys and SPD tungsten alloys [J]. J. Nucl. Mater., 2007, 367-370: 800-805.

[12] ISHIJIMA Y, KANNARI S, KURISHITA H, et al. Processing of fine-grained W materials without detrimental phases and their mechanical properties at 200-432K [J]. Mater. Sci. Eng. A, 2008, 473: 7-15.

[13] XIE Z M, LIU R, HAO T, et al. Fabricating high performance tungsten alloys through zirconium micro-alloying and nano-sized yttria dispersion strengthening [J]. J. Nucl. Mater., 2014, 451: 35-39.

[14] KURISHITA H, MATSUO S, ARAKAWA H, et al, Current status of nanostructured tungsten-based materials development [J]. Phys. Scr., 2014, T159: 014032.

[15] MUZYK M, NGUYEN-MANH D, KURZYDLOWSKI K J, et al. Phase stability, point defects, and elastic properties of W-V and W-Ta alloys [J]. Phys. Rev. B, 2011, 84: 104115.

[16] LIAN Y, LIU X, FENG F, et al. Mechanical properties and thermal shock performance of W-Y_2O_3 composite prepared by high-energy-rate forging [J]. Phys. Scr., 2017, T170: 014044.

[17] DENG H W, XIE Z M, WANG Y K, et al. Mechanical properties and thermal stability of pure W and W-0.5% ZrC alloy manufactured with the same technology [J]. Mater. Sci. Eng. A, 2018, 715: 117-125.

[18] KANG K, TU R, LUO G, et al. Synergetic effect of Re alloying and SiC addition on strength and toughness of tungsten [J]. J. Alloys Compd., 2018, 767: 1064-1071.

[19] BATTABYAL M, SCHÄUBLIN R, SPÄTIG P, et al. W-2%Y_2O_3 composite Microstructure and mechanical properties [J]. Mater. Sci. Eng. A, 2012, 538: 53-57.

[20] XIE Z M, LIU R, MIAO S, et al. Extraordinary high ductility/strength of the interface designed bulk W-ZrC alloy plate at relatively low temperature [J]. Sci. Rep., 2015, 5: 16014.

[21] WEI C, REN Q Q, FAN J L, et al. Cohesion properties of W/La_2O_3 interfaces from first principles calculation [J]. J. Nucl. Mater., 2015, 466: 234-238.

[22] DANG D Y, SHI L Y, FAN J L, et al. First-principles study of W-TiC interface cohesion [J]. Surf. Coat. Technol., 2015, 276: 602-605.

[23] QIAN J, WU C Y, GONG H R, et al. Cohesion properties of W-ZrC interfaces from first principles calculation [J]. J. Alloys Compd., 2018, 768: 387-391.

[24] WU X, ZHANG X, XIE Z M, et al. Insight into interface cohesion and impurity-induced embrittlement in carbide dispersion strengthen tungsten from first principles [J]. J. Nucl. Mater., 2020, 538: 152223.

[25] ZHANG X, WU X, HOU C, et al. First-principles calculations on interface stability and migration of H and He in W-ZrC interfaces [J]. Appl. Surf. Sci., 2020, 499: 143995.

[26] HOHENBERG P, KOHN W. Inhomogeneous Electron Gas [J]. Phys. Rev., 1964, 136: B864-B871.

[27] SHAM L J, KOHN W. One-Particle Properties of an Inhomogeneous Interacting Electron Gas [J]. Phys. Rev., 1966, 145: 561-567.

[28] KRESSE G, FURTHMÜLLER J. Efficient iterative schemes for ab initio total-energy calculations using a plane-wave basis set [J]. Phys. Rev. B, 1996, 54: 1169-1186.

[29] KRESSE G, FURTHMÜLLER J. Efficiency of ab initio total-energy calculations for metals and semiconductors using a plane-wave basis set [J]. Comput. Mater. Sci., 1996, 6: 15-50.

[30] BLOCHL P E. Projector augmented-wave method [J]. Phys. Rev. B, 1994, 50: 17953-17979.

[31] PERDEW J P, CHEVARY J A, VOSKO S H, et al. Atoms, molecules, solids, and surfaces: Applications of the generalized gradient approximation for exchange and correlation [J]. Phys. Rev. B, 1992, 46: 6671-6687.

[32] PERDEW J P, CHEVARY J A, VOSKO S H, et al. Erratum Atoms, molecules, solids, and surfaces Applications of the generalized gradient approximation for exchange and correlation [J]. Phys. Rev. B, 1993, 48: 4978.

[33] PERDEW J P, BURKE K, ERNZERHOF M. Matthias Ernzerhof. Generalized Gradient Approximation Made Simple [J]. Phys. Rev. Lett., 1996, 77: 3865-3868.

[34] CHADI D J. Special points for Brillouin-zone integrations [J]. Phys. Rev. B, 1977, 16: 1746-1747.

[35] CHEN L, WANG Q, XIONG L, et al. Computationally predicted fundamental behaviors of embedded hydrogen at TiC/W interfaces [J]. Int. J. of Hydrogen Energy, 2018, 43: 16180-16186.

[36] YOSHIMURA M. Phase stability of zirconia [M]. Am. Ceram. Soc. Bull., 1988: 67.

[37] FRENCH R H, GLASS S J, OHUCHI F S, et al. Experimental and theoretical determination of the electronic structure and optical properties of three phases of ZrO_2 [J]. Phys. Rev. B, 1994, 49: 5133-5142.

[38] LENCHUK O, ROHRER J, ALBE K. Cohesive strength of zirconia/molybdenum interfaces and grain boundaries in molybdenum: A comparative study [J]. Acta Mater., 2017, 135: 150-157.

[39] BUCKLEY D H. Surface Effects in Adhesion, Friction, Wear, and Lubrication [J]. Wear, 1983, 85: 267-268.

[40] MITTEMEIJER E. Fundamentals of Materials Science [M]. Springer, 2011.

[41] HOSFORD W. Mechanical Behavior of Materials [M]. Cambridge, 2005.

[42] LIU L M, WANG S Q, YE H Q. First-principles study of polar Al/TiN(111) interfaces [J]. Acta Mater., 2004, 52: 3681-3688.

[43] WANG H L, TANG J J, ZHAO Y J, et al. First-principles study of Mg/Al_2MgC_2 heterogeneous nucleation interfaces [J]. Appl. Surf. Sci., 2015, 355: 1091-1097.

[44] ZHUO Z, MAO H, XU H, et al. Density functional theory study of Al/NbB_2 heterogeneous nucleation interface [J]. Appl. Surf. Sci., 2018, 456: 37-42.

[45] LEE S J, LEE Y K, SOON A. The austenite/ε martensite interface: A first-principles investigation of the fcc Fe(111)/hcp Fe(0001) system [J]. Appl. Surf. Sci., 2012, 258: 9977-9981.

[46] JIN N, Yang Y, LUO X, et al. Theoretical calculations on the adhesion, stability, electronic structure and bonding of SiC/W interface [J]. Appl. Surf. Sci., 2014, 314: 896-905.

[47] EICHLER A, KRESSE G. First-principles calculations for the surface termination of pure and yttria-doped zirconia surfaces [J]. Phys. Rev. B, 2004, 69: 1-17.

[48] CHRISTENSEN A, CARTER E A. First-principles characterization of a heteroceramic interface ZrO_2(001) deposited on an alpha-Al_2O_3(1102) substrate [J]. Phys. Rev. B, 2000, 62: 16968-16983.

[49] ISKANDAROVA I M, KNIZHNIK A A, RYKOVA E A, et al. First-principle investigation of the hydroxylation of zirconia and hafnia surfaces [J]. Microelectron. Eng., 2003, 69: 587-593.

[50] CHRISTENSEN A, CARTER E A. First-principles study of the surfaces of zirconia [J]. Phys. Rev. B, 1998, 58: 8050-8064.

[51] ZHANG W, SMITH J R, WANG X G, Thermodynamics from ab initio computations [J]. Phys. Rev. B, 2004, 70: 024103.

[52] ZHANG W, SMITH J R, EVANS A G. The connection between ab initio calculations and interface adhesion measurements on metaloxide systems Ni/Al_2O_3 and Cu/Al_2O_3 [J]. Acta Materialia, 2002, 50 (15): 3803-3816.

[53] JIANG Y, XU C H, LAN G Q. First-principles thermodynamics of metal-oxide surfaces andinterfaces: A case study review. Transactions of Nonferrous Metals Society of China [J]. 2013, 23 (1): 180-192.

[54] MISHIN Y, SOFRONIS P, BASSANI J L. Thermodynamic and kinetic aspects of interfacial decohesion [J]. Acta Mater., 2002, 50: 3609-3622.

[55] FINNIS M W. The theory of metal-ceramic interfaces [J]. J. Phys. condens. Matter, 1996, 5811-5836.

[56] WU X B, YOU Y W, KONG X S, et al. First-principles determination of grain boundary strengthening in tungsten: Dependence on grain boundary structure and metallic radius of solute [J]. Acta Mater., 2016, 120: 315-326.

[57] YAMAGUCHI M, SHIGA M, KABURAKI H. Grain boundary decohesion by impurity segregation in a nickel-sulfur system [J]. Science, 2005, 307: 393-397.

[58] LU G H, ZHANG Y, DENG S, et al. Origin of intergranular embrittlement of Al alloys induced by Na and Ca segregation: Grain boundary weakening [J]. Phys. Rev. B, 2006, 73: 1-5.

[59] DEYIRMENJIAN V B, HEINE V V, PAYNE M C, et al. Ab initio atomistic simulation of the strength of defective aluminum and tests of empirical force models [J]. Phys. Rev. B, 1995,

52：15191-15207.

[60] WU X B, KONG X S, YOU Y W, et al. Effect of transition metal impurities on the strength of grain boundaries in vanadium [J]. J. Appl. Phys., 2016, 120: 1-11.

[61] YAMAGUCHI M. First-principles study on the grain boundary embrittlement of metals by solute segregation: Part I. Iron (Fe)-Solute (B, C, P, and S) Systems [J]. Metall. Mater. Trans. A, 2010, 42: 319-329.

[62] ZHANG S, KONTSEVOI O Y, FREEMAN A J, et al. First principles investigation of zinc-induced embrittlement in an aluminum grain boundary [J]. Acta Mater., 2011, 59: 6155.

[63] ROSE J H, FERRANTE J, SMITH J R, Universal binding energy curves for metals and bimetallic interfaces [J]. Phys. Rev. Lett., 1981, 47: 675.

[64] XIE Z M, ZHANG T, LIU R, et al. Grain growth behavior and mechanical properties of zirconium micro-alloyed and nano-size zirconium carbide dispersion strengthened tungsten alloys [J]. Int. J. Refract. Met. H., 2015, 51: 180-187.

[65] SCHEIBER D, PIPPAN R, PUSCHNIG P, et al. Ab initio search for cohesion-enhancing impurity elements at grain boundaries in molybdenum and tungsten [J]. Modelling Simul. Mater. Sci. Eng., 2016, 24: 085009.

6 展　　望

本书采用基于 DFT 的第一性原理方法，系统分析了碳化物弥散强化 W 的界面性质及杂质原子偏聚对界面性质的影响，所得到如下结论。

（1）使用第一性原理研究了低密勒指数的 W 表面和 ZrC 表面的收敛性，W 和 ZrC 表面的层数分别为 15 层和 7 层时，表面能开始收敛。共构建了 12 个类块体的界面模型。详细研究了界面的稳定性和结合强度，$ZrC(200)_C/W(100)$ 共格界面的界面能最低，所以最稳定；对 H、He 在共格 $ZrC(200)_C/W(100)$ 界面及 W 块体和 ZrC 块体中的扩散行为进行了研究。H 在平行界面方向的扩散势垒比其在块体 W 和块体 ZrC 里的扩散势垒都高，而 He 的扩散势垒比块体 W 里的扩散势垒高，但是比 ZrC 块体中的扩散势垒低得多。偏聚能的计算表明 H、He 容易在界面偏聚。H、He 平行于界面方向扩散势垒小于垂直于界面方向的扩散势垒，说明 H、He 倾向于沿平行界面的方向扩散。

（2）W-TMC 共格与半共格界面的稳定性、结合强度及杂质对界面的脆性，不能忽略应变能对界面能的影响，共格的 TMC(100)/W(100) 界面比半共格的 TMC(100)/W(110) 界面的界面能更低，所以共格界面更稳定。界面处的 W 5d 和 C 2p 轨道杂化形成的化学键兼有离子键和共价键的特点。碳化物弥散颗粒小于临界半径时可以显著提高材料的屈服点，ZrC 弥散颗粒尺寸小于 40nm 时可以提高 W-ZrC 合金的屈服点，弥散颗粒尺寸小于 20nm 时可以提高 W-TiC 合金和 W-HfC 合金的屈服点。拉伸测试表明 TaC(100)/W(100) 和 MoC(100)/W(100) 界面的结合比其他界面更强。杂质在 ZrC(100)/W(100) 界面和 TiC(100)/W(100) 界面偏聚时，杂质降低了界面的结合强度。H、He 沿平行于界面方向的扩散势垒小于垂直于界面方向扩散的扩散势垒，所以 H 和 He 更倾向于沿着平行界面的方向进行扩散。

（3）分析 $ZrO_2(001)/W(001)$ 界面的性质，构建了类块体界面和三明治界面两大类共 5 个界面模型。$W(001)/ZrO_2(001)_{1ML}/W(001)$ 界面的界面能最小，所以最稳定。界面的 PDOS 表明，O 2p，W 5d 和 Zr 4d 态在费米能级的 PDOS 不为零，因此界面具有一定的金属特征，界面处的 W—O 化学键是由 O 2p 和 W 5d 轨道杂化形成的；另外，界面的差分电荷表明界面处 W 原子和 O 原子之间区域有电荷聚集，电荷的中心偏向电负性更强的 O 原子，因此 W—O 化学键兼有离子键和共价键的特点。从界面分离时，$ZrO_2(001)_{O2}/W(001)$ 界面的分离功最大，说明结合最强。断裂拉伸测试表明，最易断裂的平面不一定是在界面，最易断的化学键是 O—O 键，$ZrO_2(001)_{Zr}/W(001)$ 界面的 E_{frac} 和 σ_{max} 最大，因此最难断裂。

虽然，作者对碳化物第二相与钨形成相界面的稳定性、结合强度，以及杂质偏聚对界面性质的影响进行了系统研究，可以作为进一步通过界面调控来改善材料的服役性能提供理论指导，但是，关于界面结构对钨材料抗辐照性能的影响规律及其机制（如界面处氢、氦聚集和起泡机制等）的研究还不够深入，因此本书只获得阶段性结论，希望本书能为今后托卡马克装置的第一壁材料科研提供有益借鉴。